冷　云

周筠珺　关兴民　周　昱　赵鹏国　刘　平
杜远谋　钱鑫铭　熊燕琳　赵川鸿　著

U0311586

科学出版社
北京

内 容 简 介

本书内容共分为 7 章，主要针对冷云中的物理过程和降水特征的基本概念、关键科学问题及影响冷云的核心技术与方法进行较为系统和详细的介绍。第 1 章为冷云的基本特征；第 2 章为冷云的微物理过程；第 3 章为冷云的热动力过程；第 4 章为冷云的起电、放电过程；第 5 章为冷云中的冰雹；第 6 章为冷云的数值模拟及其主要过程的参数化方法；第 7 章为人工影响冷云。

本书可作为大气科学类本科生及研究生的专业教材，也可作为相关研究领域研究人员的参考资料。

图书在版编目(CIP)数据

冷云 / 周筠珺等著. — 北京：科学出版社，2018.12
ISBN 978-7-03-059980-3

Ⅰ. ①冷⋯ Ⅱ. ①周⋯ Ⅲ. ①冰云 Ⅳ. ①P426.5

中国版本图书馆 CIP 数据核字 (2018) 第 283293 号

责任编辑：孟　锐／责任校对：王　翔
责任印制：罗　科／封面设计：墨创文化

科 学 出 版 社 出版
北京东黄城根北街16号
邮政编码：100717
http://www.sciencep.com

成都锦瑞印刷有限责任公司 印刷
科学出版社发行　各地新华书店经销

*

2018 年 12 月第 一 版　　开本：787×1092 1/16
2018 年 12 月第一次印刷　　印张：7 1/4
字数：170 000

定价：69.00 元
(如有印装质量问题，我社负责调换)

前　　言

地球上的云与人类的生活息息相关，由云产生的降水为人类提供了赖以生存的淡水。云在全球的能量平衡中也起着重要的作用。云中水成物粒子相态变化及降水过程可以释放大量的潜热，这些热量是地球上强风暴过程发生和发展所必需的，同时这些热量也会进一步增强降水过程。云对于进入或离开大气的长波及短波辐射都有十分明显的影响，这些影响较为复杂，特别是这些影响表现在气候上及气候变化上更是如此，学术界对其的了解迄今为止尚十分有限。正是基于以上的原因，云和降水的研究是大气科学研究领域中最为重要的内容之一。一方面，云的形成及演变过程十分复杂，人们对其的了解程度随着探测装备及数值模拟水平的发展虽已有所加深，但对其的了解仍然存在着诸多的盲区；另一方面，云的形成及发展对于天气与气候都有着重要的影响，对其深入的研究有利于提高天气预报及气候预测的水平。云的发展高度有时会在冻结层(0℃)以下，有时则会发展到冻结层以上。如果云发展的高度超过了冻结层高度，这样的云则可称为冷云。

当云的发展进入冷云阶段，会呈现出更加复杂的物理及化学特性。第一，云中的热动力过程可能会更加剧烈；第二，参与云中核化过程的除了有云凝结核外，还会有冰核；第三，云中的水成物粒子的相态不再是单一的液态，而会呈现出液态、固态及混合态并存；第四，云中各类起电机制可能会更加明显；第五，冷云所涉及的天气过程，除了厚度较薄的冷云天气过程较为稳定外，多数则更具有危险性；第六，冷云的生成可能会涉及深对流过程，因而其对于全球的辐射平衡及水汽循环等都有更加显著的影响。

本书是在国家自然科学基金项目(41875169)、成都市科技惠民项目(2016-HM01-00038-SF)、成都市科技治霾新技术新产品应用示范项目(2018-ZM01-00038-SN)、四川省教育厅科技成果转化重大培育项目(16CZ0021)、国家科技支撑计划(2015BAC03B00)、成都信息工程大学科研基金(KYTZ201601)、四川省教育厅科研项目(17ZB0087)及南京信息工程大学气象灾害预报预警与评估协同创新中心的共同资助下完成的，在此一并表示感谢。

参与本书写作的主要有周筠珺、关兴民、周昱、赵鹏国、刘平、杜远谋、钱鑫铭、熊燕琳与赵川鸿。由于作者水平有限，加之写作时间仓促，书中遗漏及错误之处在所难免，敬请读者不吝赐正。

目　　录

第1章 冷云的基本特征

在地球大气中,绝大多数的水成物粒子主要是以液态水的形式存在,而其余少部分则是以固态冰的形式存在。尽管在对流层中固态冰相粒子只占总的凝结水很少的一部分,但其对于降水、云中起电及辐射传输等过程都有着十分明显的影响;固态冰相水成物粒子主要存在于冷云中,而冷云的形成过程与暖云有着较大的差异。本章将主要从地球上云的主要物理特征、冷云的基本概念、深对流云中的冷云、冷云之卷云,以及冷云之乳状云等方面来进行阐述。

1.1 冷云的基本概念

通常将高度发展到0℃冻结层以上的云称为冷云。然而即使温度低于0℃,在云中也会有液态水滴存在,而这样的液态云滴也称为过冷云滴。在冷云中除了有液态水滴外,还有各种类型的冰相粒子,这样的云有时也可以称为混合云。

1.2 地球上云的主要物理特征

由于云与降水过程及大气辐射平衡等都有着密切的关系,因此其在气候系统中的作用十分重要。自然界中除了漏斗云以外的云都是在空气冷却后,相对于水面及冰面达到过饱和而形成的。通常由于需要更高的能量,水汽不会自动形成云中的水成物粒子。事实上水汽更容易在由气溶胶粒子活化后形成的云凝结核(cloud condensation nuclei, CCN)或冰核(ice nuclei, IN)上凝结、冻结或凝华。由此可知,气溶胶的变化对于云的特性、降水过程,以及云的辐射特性等都会有着非常明显的影响。但是气溶胶的这些作用又与云的动力及热动力特性密不可分。决定云特性的主要因素包括形成云的上升气流速度、可以核化的气溶胶粒子的物理与化学特性,以及云的微物理过程。

目前学术界对于云研究存在的问题主要体现于:一方面,在观测中很难将气溶胶与气象因素对云的辐射强迫的作用相分离;另一方面,在天气与气候的数值模拟中(特别是在大尺度模式中)对于对流及云的参数化仍存在着较大的不确定性。

气溶胶通过与云的相互作用对于云的特性及降水过程的影响,随着主要由大气动力和热动力控制的云类型的变化而变化。

对于暖云而言,在水汽条件不变的情况下,过多的气溶胶粒子不仅会减小云滴的尺度,而且由于云滴数浓度的增加还会增加云的反照率,这就是所谓的"Twomey 效应"(Twomey,1977)。此外,气溶胶对于云的作用还表现在增加云的生命期与云量(Albrecht,

1989)，以及对于降水过程的抑制(Rosenfeld，1999)。

对于深对流云而言，情况就更复杂一些，其中涉及更加复杂的动力、热动力、微物理，以及气溶胶的作用。而且人们对其的了解远没有像对浅对流的暖云的了解那么多。深对流中的微物理过程对于其中的动力过程有着较强的反馈作用，这使得深对流对于其中快速且非线性的小扰动都十分敏感。

由于气溶胶可以抑制暖云降水过程，这会使得更多的云水被抬升到较高的大气中，进而被冻结并释放出大量的潜热，同时对流系统可能会被加强，云量也会增加(Rosenfeld et al.，2008)。但是也有大量的模拟研究结果表明，当云底温度较低、风切变较强，或较干时，对流被加强得并不明显，甚至可能会被抑制(Lebo et al.，2012)。

深对流天气系统中涉及明显的冷云过程，气溶胶在冷云中可活化为冰核，并加强了其中的异质核化过程。冰核不仅可以直接改变冰核化的过程，同时也决定着冰晶的初始数浓度及其谱分布。

一般当温度低于-38℃，而相对于冰面的相对湿度超过一定的阈值时，均质核化才会发生。而异质核化存在三个方式，首先是凝华方式(水汽凝华在冰核上形成冰晶)，其次是凝结方式(溶液滴于浸润其中的冰核表面上冻结)，最后是接触方式(液滴的内部或外部表面与冰核接触并冻结)。很多不可溶或部分不可溶的气溶胶粒子(如：矿物尘埃、含碳气溶胶、生物粒子及火山灰等)可活化为冰核，对云过程和气候都有着明显的影响。

气溶胶的存在与云的形成密不可分，它可以吸收或散射太阳辐射，对太阳辐射有着明显的影响，进而会改变诸如温度、稳定度、云的形成、对流及大尺度环流等。在晴空的条件下，气溶胶通过散射可以降低地表的温度；对于黑炭类的气溶胶粒子，它们可以强烈地吸收辐射，因而除了会使地表温度降低，还会部分地加热大气，这些过程进而会改变大气的稳定度，同时也会影响大尺度环流系统，以及中小尺度云系的形成。

1.3 深对流云中的冷云

在全球范围内，无论在热带还是副热带，无论在陆地还是海洋，抑或岛屿或山地，深对流云在这些区域都有着广泛的分布(Houze et al.，2015)。深对流云于0℃层高度以上的部分都可以称为冷云。

由于深对流云有着复杂的动力及热动力条件，同时云中的水成物粒子的分布涉及液相、混合相及冰相，因此影响深对流云的因素也是十分复杂的。深对流云系统中的冷云过程占据了主导作用，其对于整个系统的发展都有着显著的影响。有研究表明，在这些冷云过程中气溶胶浓度的增加会增强深对流(Bell et al.，2007)。但目前的研究结果中就气溶胶对于深对流天气系统的影响，还存在诸多的不确定性，深对流系统中的热动力过程对系统的影响有时会比气溶胶参与的微物理过程更加明显。

但也有研究结果表明，在深对流的多单体雷暴中，当气溶胶浓度由低水平上升到中等水平时，就可以激发其中的微物理过程，进而使得降水整体增加13%，而峰值上升气流速度增加40%(Mansell and Ziegler，2013)。这主要是由于一些气溶胶粒子(如：荒漠下垫面的尘埃粒子)可作为冰核,通过异质核化形成冰晶,而冰晶在凝华增长的过程中会释放潜热,会增强上升气流的强度,并使得云顶高度增高,进而增加冰核均质核化的概率,最终云砧面积及降水量也会增加。这种气溶胶核化后的微物理过程对于热动力过程有明显影响,进而影响降水的深对流过程在中国北方较为常见。

此外,深对流的冷云中存在着明显的雷电活动,这些雷电活动与冷云中的过冷水、冰晶、雪、霰及雹的存在密切相关,特别是其中固态水成物粒子在增长的过程中同时伴有感应及非感应起电机制。气溶胶粒子增加,会导致涉及起电的冷云微物理过程增强,而卫星的观测结果也证实了这一点,气溶胶浓度高的陆地比海洋区域的雷电活动平均约强 10 倍。

在深对流云降水过程中,由于涉及大量潜热的释放,其也是全球大气环流形成的重要驱动机制。因此,热带地区大尺度的降水异常,与全球大气环流异常密不可分。在全球 $30°N \sim 30°S$,低于等效黑体温度为 235K 的深对流冷云的云量与降水量之间有着较好的相关性;在 $30°N \sim 50°N$ 和 $30°S \sim 50°S$ 的区域,则是降水量与低于等效黑体温度为 220K 的深对流冷云的云量相关性较好;由于大尺度深对流云量与降水量之间存在着较好的相关性,所以通过卫星遥感测量云量也可以用以估算大尺度的对流性降水。

1.4　冷云之卷云

卷云属于典型的冷云,其主要出现在对流层上部,一方面其对于地气系统的辐射能量的收支十分重要,另一方面其对于大气的加热也有着重要的影响(Yang et al.,2015)。卷云常以多种形式存在,它可以是深对流中光学厚度大的云砧的形式,也可以是从云砧中分离出来的光学厚度小的卷云,或者由天气尺度的水汽层抬升而形成的卷云的形式出现。热带地区的卷云主要是由对流卷出的水汽或冰晶组成的,而在中高纬度地区卷云则是在天气尺度的大气运动中产生的。卷云中的微物理过程主要是冰的核化。核化同样存在均质核化与异质核化两种过程。卷云中的均质核化可以通过硫酸盐的自然冻结形成。目前对于冰核异质核化特性的研究还存在着诸多的不确定性,这主要是由于缺少在气溶胶的环境中测量其组分的适当的设备。几乎所有的对野外对流云砧或对流系统附近的卷云的实际观测都表明,冰核的异质核化占了绝对的主导地位,这是由于矿物尘埃粒子或其他类型的冰核,通过对流被输送到对流层上层而形成的。

气溶胶对于卷云的影响主要是由其中占主导地位的冰核核化机制所决定的。例如,在异质核化占主导地位的卷云中,冰核的增加会导致冰晶数浓度的增加,并进而导致冰晶尺度的减小;在均质核化占主导地位的卷云中,冰核的增加会抑制均质核化,进而会使得冰晶的数浓度减小,而冰晶的尺度则会增加,这等效于负的"Twomey 效应"(Kärcher et al.,2006)。自然界大量的矿物尘埃粒子会影响冰核均质核化与异质核化之间的平衡。均质核化占主导作用形成的卷云主要出现在南半球的中纬度地区,而异质核化占主导作用形成的卷云则主要出现在北半球的污染区域(Haag et al.,2003)。

在由深对流云砧卷出作用形成的卷云中,液滴直接冻结与相对湿度的大小无关,这是其中冰晶主要的生成方式。气溶胶数浓度的增加可以使得冰粒子的数浓度显著增加，从而减小冰粒子的尺度及其在对流中的下落末速度，这也将直接导致云砧卷云量及云顶高度的增加。

冰的核化、冰晶的凝华增长及冰晶的沉降等微物理过程对于卷云的特征及生命期等都有重要的影响。在全球范围内，冰粒子谱分布向直径小于 $60\mu m$ 的方向变化，会通过影响冰晶的沉降率，使云冰量增加 12%，卷云量增加 5.5%（Mitchell et al.，2008）。

1.5   冷云之乳状云

乳状云是冷云中较为特殊的一类云，其具有表面光滑及分层的特征，通常与积雨云伴随出现，特别是易出现在积雨云云砧的上下两侧边缘，其多为从云砧底垂直向下延伸的乳状悬垂突出（图 1.1）。虽然乳状云偶尔也会与层积云伴随出现，但这里主要针对前者进行分析。当积雨云中的上升气流在上升过程中达到平衡层，并水平吹出时就形成了云砧。由于云砧中的上升气流不大可能与周围环境的空气具有同样的温度、湿度及动量，因此云砧底部的温度及湿度梯度都较大，且具有较强的风切变，在这样的环境条件下，乳状云便与积雨云相伴而生。乳状云中主要是聚合在一起的冰相粒子，以及微不足道的一些过冷的液态水，其典型的水平尺度为 1～3km，乳状云属于较为特殊的冷云。静力不稳定层的出现是乳状云形成的关键，以下将讨论乳状云形成的主要机制。

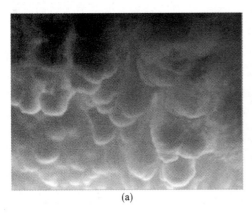
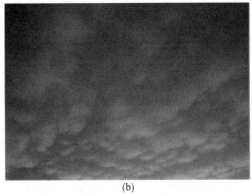

(a)   (b)

图 1.1   乳状云

(a) 发展充分的积云云砧下的乳状云（V. Doswell 摄）；(b) 排列成行的乳状云（C. A. Doswell 摄）

1.5.1   大尺度的云砧下沉

大尺度的云砧下沉产生乳状云的机制最先是由 Wagner（1948）提出的。这个机制认为雷暴云砧提供了大尺度的有利于乳状云形成的环境条件。当云砧空气水平流动至不饱和空气之上时，便出现了垂直方向的湿度梯度。由于受雷暴主上升气流区的影响，云砧及下方不饱和空气会出现下沉，在下沉过程中，云砧高度降落至中性浮力层，部分水成物粒子会下降到云的主体之外，进而形成乳状云。当空气下沉，云层以湿绝热直减率增温，而下方的不饱和空气则以干绝热直减率增温，直减率的差异导致云下的不饱和空气比云更热，这使得云与空气的界面更加清晰。云砧底部的对流波动，使得饱和空气下沉，最终形成乳状裂瓣，即乳状云。

1.5.2　云下的蒸发与升华

当云底的冰晶、雪晶、液态水滴，以及这些水成物粒子的混合物落入不饱和空气中，并出现升华或蒸发时，会导致云底之下的冷却，并为饱和下沉的乳状裂瓣提供动力，如果这一过程在云底很大一部分都出现，将会导致云砧底部的下降。下降的裂瓣相对于环境空气不再有浮力，裂瓣或裂瓣的边缘有向上回复的能力，这使得裂瓣呈现为乳状。

1.5.3　云下的融化

正如升华与蒸发，由于在靠近云底部的区域存在水成物粒子的融化现象，这也有助于乳状云的形成。温度低于冻结层的云砧在下降时就会有乳状云形成。当水成物粒子在降落的过程中融化时，在融化层下方仍然有可能是饱和的，这为乳状云的形成提供了条件。

1.5.4　云内局部区域水成物粒子的不均匀性

云中局部区域水成物粒子分布不均匀将导致云中气流垂直运动的不均匀，这会导致下降水成物粒子的不均匀性。围绕着降水轴，在水成物粒子摩擦拖曳力的作用下，下沉气流的尺度会进一步地拓展，进而会形成乳状的波动。尽管云砧在这种效应的作用下会减弱，但这种产生乳状云的机制并不需要热动力的不稳定，这是与其他机制最大的区别。

当水成物粒子在裂瓣中下沉时，会发生升华及蒸发，并最终会使其总的质量减小。在这个过程中凝华与蒸发造成温度梯度，水成物粒子的变化造成质量梯度，进而在云中形成一个斜压区。在裂瓣周围存在明显的切变及涡度，其中裂瓣周围涡度会导致向上的运动，这使得裂瓣表面更加圆滑。

1.5.5　云底夹卷造成的不稳定

云底夹卷不稳定类似于云顶夹卷不稳定。云底在夹卷过程中，其中的水成物粒子出现蒸发凝结，进而沉降。特别是当云中有降水发生时，凝结水也会因夹卷进入干空气，这种情况多会发生在积雨云的云砧区域。当云下空气中液态水的势能比云团的高时，便会发生云底夹卷的不稳定。云与其周围的干洁大气相互作用会出现分层现象。如果云团与云下的空气混合，所有的液态均会被蒸发，导致气块具有负浮力并加速下降；云下层由于相对湿度的增加会改变不稳定度。当云下环境过于潮湿时，蒸发会很慢，进而很难抵消绝热加热；而如果过干则会使水成物粒子的蒸发冷却很快发生，热量变化不会在云层中整体体现出来。但云底夹卷不稳定将导致云砧底部夹卷不稳定。

1.5.6　辐射效应

尽管多数的积云出现在白天有太阳短波辐射的时间段，但乳状云通常易发生在下午或傍晚，这与辐射的变化有一定的联系。通常云顶被辐射加热的程度要高于其上部的空间环境，而云的底部要比其辐射环境的冷。在这样的条件下，云砧除了云顶与云底都有对流外，外形特征与层积云相似。云顶的长波辐射会破坏云层的稳定度，且使云顶也产生不稳定，从而导致云砧垂直方向较大范围的运动，进而形成云底穿透乳状云。

1.5.7　重力波的影响

大气中重力波无处不在，其亦为乳状云形成的潜在因素。首先，雷暴发生时其上升气流撞击对流层顶可以激发重力波；其次，对流层中层的热强迫也可以激发重力波。Winstead等（2001）观测到了重力波激发的乳状云。他通过分析观测结果发现在产生乳状云的云中存在波长为 4～7km 的波，其最小垂直速度约为-10m·s^{-1}，而在云砧下方的环境空气中存在同样量级的垂直速度波动，这说明波是向下传播的，而乳状云的排列方向基本与云砧中的平均风向垂直。重力波作用于云底使其中产生乳状云。

1.5.8　开尔文-赫姆霍兹不稳定

若在稳定分层的流体中存在较强的垂直风切变，就会发生开尔文-赫姆霍兹不稳定；如果在界面间的理查逊数超过稳定的阈值，便会产生明显的开尔文-赫姆霍兹波。Berg（1938）较早就曾指出乳状云可能是开尔文-赫姆霍兹波释放后产生的结果。Petre 与 Verlinde（2004）利用雷达观测热带积云云砧发现了开尔文-赫姆霍兹不稳定，通过激发云中的垂直运动，进而产生乳状云。

参 考 文 献

Albrecht B A. 1989. Aerosols, cloud microphysics, and fractional cloudiness. Science, 245（4923）: 1227-1230.

Bell T L, Rosenfeld D, Kim K M, et al. 2007. Midweek increase in U.S. summer rain and storm heights suggests air pollution invigorates rainstorms. J. Geophys. Res., 113（D2）: 1-22.

Berg H. 1938. Mammatusbildungen（Mammatus developments）. Meteor. Z., 55: 283-287.

Fan J, Leung L R, Rosenfeld D, et al. 2013. Microphysical effects determine macrophysical response for aerosol impacts on deep convective clouds. Proc. Natl. Acad. Sci. USA., 110（48）: 4581-4590.

Haag W, Karcher B, Strom J, et al. 2003. Freezing thresholds and cirrus cloud formation mechanisms inferred from in situ measurements of relative humidity. Atmos. Chem. Phys., 3（S1）: 1791-1806.

Houze R A, Rasmussen K L, Zuluaga M D, et al. 2015. The variable nature of convection in the tropics and subtropics: a legacy of 16 years of the Tropical Rainfall Measuring Mission satellite. Reviews of Geophysics, 53（3）: 994-1021.

Kärcher B, Hendricks J, Lohmann U. 2006. Physically based parameterization of cirrus cloud formation for use in global atmospheric models. J. Geophys. Res., 111(D1): 1-11.

Mansell E R, Ziegler C L. 2013. Aerosol effects on simulated storm electrification and precipitation in a two-moment bulk microphysics model. J. Atmos. Sci., 70 (7) : 2032-2050.

Petre J M, Verlinde J. 2004. Cloud radar observations of Kelvin–Helmholtz instability in a Florida anvil. Mon. Wea. Rev., 132(132): 2520-2523.

Rosenfeld D. 1999. TRMM observed first direct evidence of smoke from forest fires inhibiting rainfall. Geophys. Res. Lett., 26 (20): 3105-3108.

Twomey S. 1977. The influence of pollution on the shortwave albedo of clouds. J.atmos.sci, 34(7): 1149-1154.

Wagner F. 1948. Mammatusform als Anzeichen für Absinkbewegung in Wolkenluft (The shape of mammatus as an indicator for subsidence in cloudy air). Ann. Meteor., 1: 336-340.

Winstead N S, Verlinde J, Arthur S T, et al. 2001. High-resolution airborne radar observations of mammatus. Monthly Weather Review, 129(1): 159-166.

Yang P, Liou K N, Bi L, et al. 2015. On the radiative properties of ice clouds: light scattering, remote sensing, and radiation parameterization. Adv. Atmos. Sci., 32(1): 32-63.

第 2 章　冷云的微物理过程

由于冷云中存在着大量的固态冰相粒子,这不仅会影响其降水过程,同时对于其中的起电、放电的发生及辐射传输也都有重要的作用。为了更好地理解这些过程,就必须先对冷云中最基本的冰相粒子产生的微物理过程进行较为详尽的分析。这些微物理过程主要包括:冰相粒子的核化、冰相粒子的繁生、冰相粒子的增长及冷云的降水过程。

2.1　冰相粒子的核化

过冷云滴处于不稳定的状态,冻结发生时云滴中会有足够多的水分子聚集在一起形成冰胚,且冰胚只有长大超过某一个阈值后才会不被消耗掉,并继续长大。对于尺度超过阈值增长的冰胚,其增长会引起系统内能量的减小;冰胚在小于阈值尺度的增长均会引起总能量的增加,但是从能量本身的角度看,这样的增长最终会使得冰胚破碎。

过冷的液态云滴可以两种方式转变为冰晶,即:均质核化与异质核化。

2.1.1　均质核化

在对流层中经常存在温度低于冰的融化点的液态水,这是存在一级相变能障的结果。由于冻结涉及相态变化,大气中的冰通常是通过核化产生的。如果云中的液滴并不包含其他任何的粒子,液滴的冻结则会通过随机均质核化完成。其具体过程是在低于某一温度时(会因总含水量而异),通过水分子随机碰并增长形成冰胚的数量和尺度会随着温度的降低而增加,均质核化冻结从理论上讲是完全可能发生的。特别是在对流层上层温度低于-33℃时,冰的均质核化尤为容易发生。

经典成核理论认为过冷的亚稳液体与热动力稳定晶相之间能障的大小,可以通过假设冰内的微碎片在过冷液体中形成而计算出来。由此产生的系统自由能变化是负的主体贡献与正的表面贡献之和。相变的临界尺度是过冷液体低于融化点温度度数的函数,其中主体项贡献大于表面项贡献。而临界点可以确定核化时能障的大小,而核化率可由下式表示(Pruppacher and Klett, 1997):

$$J = J_0 \exp\left(\frac{-\Delta E}{kT}\right) \tag{2.1}$$

式中, ΔE 为能障的高度; k 为玻尔兹曼常数; T 为温度;前因子 J_0 与冰胚和过冷液体之间的表面能及由液体至增长冰胚的分子通量成正比; J 的单位为 $s^{-1} \cdot cm^3$,且整个样本的核化率与其体积密切相关。式(2.1)对于实验人员尤其具有吸引力,因为它提供了一个针对测量数据的闭合形式的表达式。

由图 2.1 可知，在实验室中由纯水滴均质核化冻结的实验结果是由下方箭头所指的曲线给出的，对于 1μm 直径的液滴而言，出现均质核化的温度为-41℃；对于直径为 100μm 的液滴，其均质核化的温度则为-35℃。因此，在大气中均质核化冻结通常只能发生在高云中。

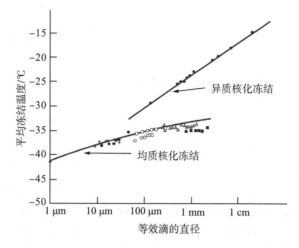

图 2.1　液滴平均冻结温度与等效滴的直径关系的实验结果(Mason，1971)

注：其中不同记号代表不同研究者的研究结果。

在很长一段时间内，由经典的核化理论计算的核化率与野外及实验室实际测量的值有一定的出入。当温度低至-40℃时，于地形云中检测到的液滴与自然云控制实验中的是相似的。经典核化理论认为，在达到这样的低温条件之前，临界尺度的液滴就会出现冻结。事实上，通过实验室研究也发现，直径为 0.2μm 的液滴只有在温度达到-45℃时才会冻结(Hagen et al.，1981)。

自然大气中接近纯水的液滴可以发生均质核化，特别是在积云的上升气流中这种过程是可以发生的(Heymsfield et al.，2005)。尽管这样的液滴多数情况下是在可溶性气溶胶粒子上形成的，但是当这些液滴增长到足够大时，液滴溶液会被稀释到接近纯水的状态。如果由较小的液滴发生均质核化，这种情况多数是在卷云中发生的，这意味着液滴溶液的浓度会更高。正如因为有溶质的存在，会压低冰的融化点，同样的原因也会压低液体的冻结点。溶液核化率的计算方法也可以利用经过温度修订的纯水的均质核化率来计算。

$$T^* = T + \lambda \delta T \tag{2.2}$$

式中，δT 是改变的融化点温度；λ 是与冻结相关的因子(Rasmussen，1982)。

Koop 等(2000)认为溶液的核化率与溶质的性质无关，仅与水的活性有关。很多的室内实验及野外研究都是基于假设开展的。例如，Möhler 等(2003)在研究大气中气溶胶的相互作用及动力过程时，在一个模拟对流层低层大气温度及气压的气溶胶相互作用与动力过程的 84m³ 云室内测量了硫酸液滴的冻结率，这一液滴的冻结率与 Koop 等(2000)的测量结果是一致的。

当过冷液滴核化为立方体的冰晶时，这种冰晶云比六角板冰晶云会具有更高的相对湿度。由于相对于亚稳态立方体冰晶的水汽压会高于相对于六角板冰晶稳态的水汽压，在冰晶的下落过程中，会由立方体冰晶转变为六角板冰晶，通过这种转变机制，冷云的相对湿度会明显降低(Murphy，2003)。

2.1.2　异质核化

如果液滴中包含有某些特殊的粒子(水分子以外的其他物质)，也可以称其为冻结核，此时发生冻结的具体过程是：液滴中的水分子会聚集在这个冻结核的表面，并形成类似冰的结构，且其尺度可以增加，而液滴则会被冻结。冻结核有助于冰结构的形成，而且最初冰胚的尺度与冻结核的尺度相同。水分子转变(或核化)为冰晶(或冰胚)的过程就称为异质核化。异质核化发生时，由于凝结核的存在，过冷水与冰晶之间的能障要低于均质核化时的值。异质核化可以出现在比均质核化温度高许多的条件下，如图2.1中上方箭头所指的曲线。由图2.1可知，随着云滴尺度的增加，平均冻结温度也会增加。这一特征也表明，较大的滴中更容易包含冻结核，并因此而更容易产生异质核化。特别是空气中存在的适当粒子，当其与云滴接触时，云滴就容易被冻结，这一过程也被称为"接触冻结"，而空气中的这种粒子也被称为"接触核"。实验室的研究结果则表明，发生"接触冻结"的温度往往比含有冻结核的滴冻结时的高。

实际上，大气中还含有一些特殊的粒子，水汽可以其为中心，由气相直接转变为冰相，这些核也被称为凝华核。当温度足够低，且空气相对于冰面是过饱和时，凝华过程就会出现，该过程中间不会出现水的液相状态。当空气相对于水面过饱和时，空气的一些粒子可成为冻结核，其具体过程是液态水首先在这些粒子上凝结，随后又会产生冻结。

如果只关注冰相粒子的核化结果，而不考虑其具体的核化过程，在异质核化过程中的"冻结核"、"接触核"及"凝华核"可以统称为冰核。但是需要注意的是，不同类型的核产生作用时所需的温度差异是十分明显的。

究竟什么样的粒子才可以作为冰核呢？事实上，那些分子结构及晶体形状与冰(即：六角板结构)类似的才容易成为有效的冰核，但是并非所有的冰核都符合这一条件。多数有效的冰核都是不溶于水的，如无机的土壤(黏土)粒子，在较高的温度(-15℃)时就可以参与冰相粒子的核化过程。从地面上收集的87%的雪晶中都有黏土矿物粒子，在这些粒子中有超过一半的是高岭石。很多有机物粒子也可以作为有效的冰核，如细小腐败的植物叶片，它们甚至在-4℃就可以活化为冰核，而富含浮游生物的海水溅沫在-4℃也可以成为有效的冰核。

实验室的研究结果表明(图 2.2)，有很多的物质在水汽过饱和条件下(凝结-冻结可以发生)开始核化的温度，都比不完全饱和条件下(冰相粒子的凝华可以发生)的高。高岭石在-10.5℃水汽过饱和条件下就可成为冰核，但在相对于冰面17%的过饱和条件下(相对于水面不完全饱和)时，则在-20℃才能成为冰核。

粒子成为冰核后，可见的冰会持续地蒸发。在低于-5℃，相对于冰面的相对湿度不足35%时，粒子会在比初始核化温度高的条件下成为冰核，这也被称为"预活化"。因此，高云中的冰晶，即使在到达地面前会蒸发，但没有蒸发完的冰晶即可称为"预活化"冰核。

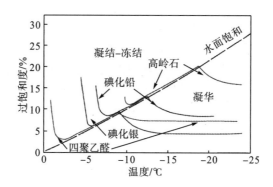

图 2.2 不同物质(碘化银、碘化铅、四聚乙醛，及高岭石)作为冰核核化
与温度及过饱和度的关系(Wallace and Hobbs，2006)

注：其中核化的过程包括凝结-冻结及凝华。

常见的测量冰核的方法：将已知体积的空气抽到一个容器内，通过冷却使其中产生云，测量在特定温度下其中的冰晶数。在膨胀云室中，压缩的空气突然膨胀，使得温度降低；在混合云室中，通过制冷剂使得温度降低。在这些云室中的粒子可通过冻结、接触，及凝华等成为冰核。云室中的冰晶可利用光源将其照亮，并进行数量的估算；也可使冰晶沉降到过冷的肥皂或糖溶液盘中，使其生长后再进行计数；抑或使冰晶通过与云室连接的毛细管，进行电计数。

另一种检测冰核的技术，其方法为：抽取测定体积的空气，使其通过一个具有微孔的过滤膜，空气流过后成核的粒子留在膜上；然后将该膜放置到一个已知温度及过饱和度的盒子内，对膜上生成的冰晶进行计数。

在这之后学术界又发展了扩散云室，其中的温度、过饱和度及气压都可以分别独立控制。

冰相粒子的异质核化可以较为明显地影响卷云的长波及短波的辐射特性。通常通过异质核化形成冰相粒子的过程会在均质核化过程之前发生，同时这也会使云中的冰晶谱明显变宽。由冰核形成的冰晶可以快速长大，并会率先发生降落。在自然界最易发生异质核化的物质主要有矿物尘埃及飞机尾气。矿物尘埃会从沙漠及戈壁等源地输送很长的距离到达其他地方。DeMott 等(2003)的研究发现，当冰核浓度为 1cm^{-3}、温度为-36.5℃、相对于冰面的相对湿度为 123%时，利用激光雷达观测、气块路径回溯，及地面采样对比分析等方法可知参与异质核化的粒子为来自北非的沙尘粒子。产生异质核化的粒子主要可以分为矿物尘埃粒子或飞灰，这些粒子通常并没有与其他粒子混合在一起，硫酸盐与有机物粒子可能只占其中的25%。

随着针对卷云中异质核化试验的不断深入，Zuberi 等(2002)在前人工作的基础上，将异质核化研究聚集于大气中可以检出的成分——高岭石和蒙脱石。通过实验发现将两种物质浸于温度为-34~-75℃的硫酸铵溶液中，当有尘埃粒子同时浸于其中时，直径为 10~55μm 的液滴的冻结温度比在纯硫酸铵溶液中的高 10℃。而他们的研究同时也指出固态的硫酸铵或酸性铵矾在对流层上层的异质核化中起着非常重要的作用。Huang 等(2003)则选择研究温度在-56.6~-40.9℃时硫酸铵溶液中的赤铁矿和刚玉气溶胶粒子，他们发现由于这些矿物质的存在溶液滴的冻结温度提高了 6℃。

在对流层上层飞机排气中的烟尘也可作为冰核。DeMott 等(1999)研究了经由硫酸处理后的黑炭粒子成为冰核的过程；未经处理的黑炭粒子在低于-42℃的条件下，可成为凝华核或吸收核。

此外，由于受生物质燃烧的影响，云中液滴中时常含有有机物，这些有机物同样可以成为异质核化的核，这些有机物可能是长链醇或羧酮，其在 1℃就会发生涉及相变的异质核化。

在低于 0℃的温度下，粒子被置于过饱和的水蒸气中时，会形成液滴(此时并没有冰晶形成)，而液滴也会发生蒸发；当粒子被置于相对于冰面过饱和，但相对于液面不饱和的水蒸气中(其温度可低至-20℃)时，一部分粒子会通过水汽的异质凝华形成冰晶。在云凝结核上形成的液滴，通过冻结可以形成冰晶，而冰晶在形成过程中则经历了"凝结—冻结—蒸发"的循环。

到目前为止，仍有一些其他的关于异质核化的机制。例如，有人认为宇宙射线产生的离子也可能激发上层对流层至平流层液滴的冻结，这样的机制也可以用于解释气候相关的参数与穿过大气层的宇宙射线通量之间存在的相关性。Seeley 与 Seidler(2001)将 1μL 的纯水暴露于产生 α粒子的放射源之下，结果并未发现辐射的存在会影响核化率。事实上，正确地描述异质核化比描述均质核化更难，因为人们目前无论是从实验还是理论推断，都还不够了解控制异质核化过程的因子。

2.1.2.1　冰核化粒子的测量

Dufour(1862)是较早提到地球表面的细小粒子可引发大气中冰粒子形成的学者，他发现冰雹中包含小的沙粒、灰尘或谷物的糠皮。利用我们现有的知识可以知道，正是这些在冰相粒子中的包含物引发了水汽凝华于其表面的核化过程，或者于过冷液滴中冻结的核化过程，它们被称为冰核化粒子(ice nucleating particles，INPs)。冰相粒子形成后，它们通过凇附、清除、聚并，通过收集其他的冰相粒子而长大，同时化学反应也会在冰晶的表面发生。冰核溶解与冰相粒子的繁生过程，最终使得冰相粒子长大。在水成物粒子中冰相粒子蒸发后保留下来的粒子则为冰剩余粒子(ice residuals，IRs)。但到目前为止，由于在云中水成物粒子的探测过程中，探头会使冰晶破损，所以比较冰核化粒子数浓度与冰剩余粒子数浓度是十分困难的。然而研究冰剩余粒子还是十分必要的，可以通过其理解冰晶的基本形成过程。可以通过显微镜检查冰晶晶体中心，从而确定冰核的特征，也可以通过飞机上的取样器来研究卷云中的冰剩余粒子，或者通过在地面采样研究混合云中的冰剩余粒子。

2.1.2.2　地面观测

1. 通过收集的降水粒子研究冰核化粒子与冰剩余粒子

Isono(1955)及 Kumai(1961)分别在日本和美国通过电子显微镜分析冰晶中的粒子，他们都发现黏土矿物质是冰剩余粒子的主要成分。尽管从数量上看，大多数的冰核化粒子均是矿物质，但 Szyrmer 与 Zawadzki(1997)也发现了生物冰剩余粒子。

20 世纪 40 年代中叶人们开始研究冰核化粒子，特别是 Vonnegut(1947)通过在云中采样(并不是在大气中直接采样)，以研究这些粒子的能力。Vonnegut 使用了一个简易云室，研究了人工冰核碘化银粒子在-4～-8℃时核化为冰的过程。云室的主要工作原理是通过降低压力膨胀降温，并将热的气流引入其中，进而观察粒子的核化过程。

飞机的在线观测也是在 20 世纪 40 年代发展起来的，其主要是通过在飞机上安装冰核化粒子探测设备来完成的。离线测量冰核化粒子则是通过对气溶胶进行过滤膜采样来开展的，采样后将滤膜置于过饱和度及温度可控的环境中，然后观察冰的形成过程，而冰晶会通过水汽的凝华或凝结冻结而形成。

DeMott 等(2015)通过研究发现，在线与离线观测结果非常一致，并且通过观测发现，随着温度的降低冰核化粒子浓度指数增加，-5～-35℃时冰核化粒子浓度的增加超过 7 个数量级。

2. 混合相云中的冰剩余粒子

研究发现冰剩余粒子就是最初的冰核化粒子，而冰的核化效率会随着这些粒子尺度的增加而增加，而冰核化粒子(或简称为"冰核"粒子)的直径通常是低于 1μm。冰核的化学成分也是人们十分关注的研究内容，在冰核的样本中发现了大量的矿物质(硅)、黑炭、生物质，以及荧光物质。

2.1.2.3　机载设备观测

机载设备逆流虚拟冲击器(counterflow virtual impactor，CVI)被用于将冰与冰核物质分离开，而将冰核引入机载便携连续气流扩散云室也是一个重要的研究方法。具体方法如下：

1. 冰核云室测量

云室主要分三类：(a)安装在固定实验室的大云室可分析收集的或已准备好的冰核样本；(b)离线云室将准备好的样本置于低温且冰面饱和的环境下；(c)便携云室可同时在室内及室外使用。

制作云室的主要目的是为冰核的核化提供可控的水汽含量与温度条件。气溶胶的尺度、浓度、滞留时间，以及组分都是变化的，因此冰的核化的发生及冻结的部分也是能够被确定的。对于实验室中的云室而言，除了真空室及所谓的冷阶段，冰核粒子都可以被引入云室，从而在冰核发生冰相粒子的凝华增长。

2. 粒子的分离技术

在飞机上利用 CVI 对粒子进行分离，可控的气流从 CVI 的入口端吹出，其中较小的有裂缝的粒子被减速、阻滞或移除，而大的粒子可以克服方向气流，从而进入干燥无粒子的气流，进而云中收集的水汽不断被蒸发，最终留下剩余物——"冰核"。CVI 分离是一种惯性分离，但并没有将云中粒子液相及冰相进行区分。

典型的机载 CVI 是对卷云进行观测的，由于气流速度和粒子几何尺度的限制，当卷云中冰晶的尺度达到 50μm 时才能被捕获升华，而不影响实际的观测质量。但是真实的卷云中有很多粒子的尺度远远超过 50μm，这部分粒子就不能被正常取样。

典型的地面采样通常是在山区针对混合相态的云进行，由于云滴的气动特征与小冰晶的是类似的，在观测中只使用一个传统的 CVI 就不能满足观测的需要了，因此就需要用冰相 CVI 与冰相选择端口。其中，冰相 CVI 是垂直安装的，空气被单向地抽入设备的入口端，若云中粒子的尺度大于 50μm 其传输将会被抑制。

3. 对冰核物质的分析

冰核物质的表面特征、表面面积以及其他的一些物理及化学特征可通过光学或显微技术进行研究。在一些情况下，电子显微技术在观测时会损坏或者改变粒子的特性，因此在研究这些粒子时均力争在冷冻的条件下不破坏粒子原本的特性。光学显微镜对于超微米尺度的粒子较为敏感，通常用于分析冻结的粒子；电子显微镜拥有更高的分辨率，可用于分析粒子的表面特征及表面面积。而扫描电子显微镜的局限性就在于样本需要置于真空中（这会导致可挥发性物质的损失）。此外，由于观察时样本被放在金属的表面上，这就要求样本的导电性要低。目前，在实验室中已分析了不同种类的冰核物质，而研究结果表明卷云中的冰剩余物质包括矿物尘粒子、金属粒子、烟尘、生物质粒子等。

场电子枪技术则可以克服低导电率样本小电子束问题，环境扫描电子显微镜对于接近样本和电子枪区域使用不同的抽吸力度，例如靠近样本的压力较高时，就允许电子枪放电，从而避免可挥发性物质的蒸发。在研究环境中多成分气溶胶（如：火山灰、矿物尘埃）冰核时，就经常使用环境扫描电子显微镜。通过加载一个冷冻段，并严格控制湿度和温度，在环境扫描电子显微镜的云室中就能够开展冰核化实验。

传输（或风洞）电子显微镜的分辨能力可完全超过普通的扫描电子显微镜，并被用于分析更加细小的物质结构（如：10nm），因此该设备就有能力详细观察矿物质及烟尘的表面特征，以及有机或无机混合的冰核。10nm 以内的晶体结构可利用快速傅立叶变换对高分辨率的风洞电子显微镜图像分析而获得，同时该显微镜也可用于对卷云冰核的分析。冰核的化学成分及混合状态可通过能量频散 X 射线光谱获得。表 2.1 中列出了自然界中主要的冰核。

表 2.1　自然界主要的冰核

物质		晶体结构		核化为冰的温度/℃	备注
		晶体 a 轴	晶体 c 轴		
纯物质	冰	4.52	7.36	0	
	AgI	4.58	7.49	−4	不可溶
	PbI$_2$	4.54	6.86	−6	轻微可溶
	CuS	3.80	16.43	−7	不可溶
	CuO	4.65	5.11	−7	不可溶
	HgI$_2$	4.36	12.34	−8	不可溶
	Ag$_2$S	4.20	9.5	−8	不可溶
	CbI$_2$	4.24	6.84	−12	可溶
	I$_2$	4.78	9.77	−12	可溶
矿物质	球霰石	4.12	8.56	−7	
	高岭石	5.16	7.38	−9	硅酸盐
	火山灰			−13	

续表

物质	晶体结构		核化为冰的温度/℃	备注
	晶体 a 轴	晶体 c 轴		
多水高岭石	5.16	10.1	−13	
蛭石	5.34	28.9	−15	
丹砂	4.14	9.49	−16	
睾酮	14.73	11.01	−2	
有机物质　　　　胆固醇	14.0	37.8	−2	发霉树叶上的留存物
四聚乙醛			−5	
β 萘酚	8.09	17.8	−16	

2.1.3　冰核化机制

事实上，通过测量可以发现在全球范围内冰核浓度与温度有着直接的关系(图 2.3)。北半球的冰核浓度要远高于南半球的，此外冰核浓度在几个小时内就可发生几个数量级的变化。平均而言，每升空气中的冰核数在温度为 T 时活化的经验关系如下：

$$\ln N = a(T_1 - T) \tag{2.3}$$

其中，T_1 为每升空气中有一个冰核活化的温度(典型的温度约为-20℃)；a 的变化范围为 0.3～0.8。当 a=0.6 时，温度每减小 4℃，冰核浓度增加 1/10。在城市空气中气溶胶总浓度的量级为 10^8/L，然而在-20℃时 10^8 中只有一个粒子能够活化为冰核。

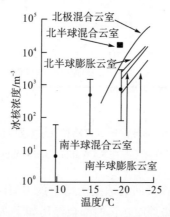

图 2.3　全球范围内(南半球膨胀云室、南半球混合云室、北半球膨胀云室、
北半球混合云室及北极混合云室)相对于水面近饱和时的冰核浓度(Wallace and Hobbs，2006)

注：垂直线为微孔过滤膜测试的冰核浓度的变化范围及平均值。

冻结核或凝华核的活化不仅有赖于温度，同时也有赖于环境空气的过饱和度。通常而言，相对于冰面的过饱和度越高，就会有更多的粒子成为冰核。Wallace 与 Hobbs(2006)按照 Rogers(1993)及 Al-Naimi 与 Saunders(1985)的研究结果拟合得到如下的经验公式：

$$N = \exp\left\{a + b\left[100(S_i - 1)\right]\right\} \tag{2.4}$$

其中，N 是每升空气的冰核浓度；S_i 是相对于冰面的过饱和度；a=-0.639，b=0.1296。

2.2　云中冰相粒子的繁生

在温度低于 0℃时，温度降低会使得粒子浓度增加，特别是在冷云的云顶温度低于 -13℃时，其中的水成物粒子主要为冰相的，如果云中含有过冷的液滴，则冰相粒子则会更多。事实上，当云顶温度介于 0～-8℃时，云中存在大量的液态水成物粒子，当飞机在其中飞行时，过冷液滴与飞机碰撞就会积冰。

由图 2.4 的结果可以发现，在同样的温度条件下云中的冰晶的浓度要比冰核浓度大几个数量级，譬如在温度高于-20℃的海洋性积云中就尤为如此。这一结果的确让人匪夷所思。其中的原因可能是：首先是冰核的观测技术存在着不确定性，不能正确地得到在确定条件下的自然云中活化冰核的浓度；其次是云中部分的冰粒子数量的增加与冰核可能没有关系，而主要是通过冰晶的繁生产生的，譬如一些冰晶很脆，在相互碰撞时即会破碎。云中的冰晶特别是在凇附过程中破碎，也被称为"Hallett-Mossop"过程（Mossop，1976）。

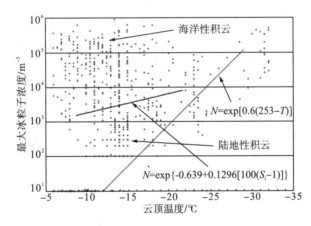

图 2.4　海洋性及陆地性积云成熟和发展阶段云顶温度与其中
最大冰粒子浓度的关系（Wallace and Hobbs，2006）

云中冰相粒子的增加与过冷液滴的冻结密切相关。当孤立的过冷的液滴冻结后自由下落，或者过冷液滴与冰相粒子碰撞时，它们都会经历如下两个阶段。第一个阶段：呈细网格状的冰晶穿过液滴，有足够多的水被冻结，液滴的温度上升到0℃。第二个阶段：冻结发生得较为缓慢，热量由部分冻结的滴向更冷的环境空气传输，液滴的冻结从表面开始逐渐向内发生，这样液态水会被冻在冰壳内，当内部的液水也被冻结时会发生膨胀，并对冰壳产生压力，压力会使冰壳破碎甚至爆炸，进而产生大量的冰屑。

冰相粒子在过冷云中下落会与云中的过冷液滴相互作用，作用后会产生大量的冰屑。由凇附增长产生冰屑的过程比孤立液滴冻结产生冰晶的过程要重要得多。实验室研究表明，当液滴的直径大于25μm、温度为-2.5～-8.5℃（冰屑产生的峰值温度区间为-4～-5℃）、影响速度（由云中凇附增长的冰相粒子的下落末速度决定的）为 0.2～5m·s^{-1} 时，冰屑易在淞附时产生。

　　自然界中观测到的浓度很高的冰粒子(超过 100/L)往往都出现在成熟阶段的积云中，而处于发展初期的积云主要由液相的水成物粒子组成，其发展至少需 10min 以上才会有大量的冰粒子出现。在出现冰相粒子之前液滴的直径会超过 25μm，只有在这样的条件下水成物粒子的淞附增长才能有效地发生。观测结果证实了云中高浓度的冰相粒子源于水成物粒子淞附增长时的破碎和繁生。

　　图 2.5 为典型积云中冰相粒子发展的主要过程，水平尺度不超过 3km 的积云，其中的热动力过程较弱，其发展时间短。特别是到达对流层顶后演变过程短，云中含水量低，云砧中的冰相粒子浓度为 0.1～20/L；而对于水平尺度超过 3km 的积云则完全不同，其整体发展时间明显较长，特别是云砧发展充分，云砧中的冰相粒子浓度高为 10～100/L。

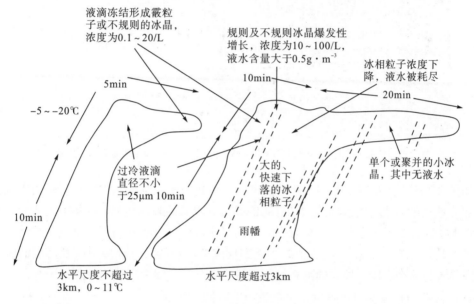

图 2.5　典型积云中冰相粒子发展的主要过程(Wallace and Hobbs，2006)

2.3　云中冰相粒子的增长

　　云中冰相粒子的增长有多种过程，其中包括：由气相到冰相的转变、冰相粒子的淞附增长、冰相粒子的聚并增长，以及水成物粒子在云中的下落过程中的增长。

2.3.1　由气相到冰相的转变

　　如果混合云中以过冷云滴为主，空气相对于液面接近饱和，因此相对于冰面则为过饱和的。例如，在-10℃空气相对于液面饱和时，相对于冰面的过饱和度为 10%；在-20℃时，相对于冰面的过饱和度为 21%。这些过饱和度的值明显比多云时相对于液面的值要大，因为多云时过饱和度的值一般为 1%。事实上，混合云中水成物粒子主要为过冷液滴，云中相对于液面是近饱和的,由气相转变为冰相粒子的增长速度比由液相转变的速度快。当增长的冰相粒子周围的水汽压降低到低于水面饱和水汽压时,其附近的液滴就会被蒸发(图2.6)。

图2.6 冰晶通过消耗周围的过冷水滴增长的照片(Wallace and Hobbs,2006)

如图2.7所示,发展中的积云有着清晰的、突起的塔状结构和边界,其中的水成物粒子主要为液相的,而远处较高的水平分布的高云并没有清晰的边界,且其中主要为冰相粒子。由于在同样的温度条件下,相对于冰面的平衡水汽压低于相对于水面的,这使得冰相粒子需要比液相粒子迁移更远的距离才能到周围非饱和的大气环境中蒸发,从而缓慢消失。同样还是这个原因,长大的冰相粒子在脱离云体后,即使环境大气相对于冰面是亚饱和的,在其被彻底蒸发前还是可以存在较长的时间。

图2.7 发展中的由液相粒子组成的积云和远处由冰相粒子组成的高云

冰粒子会在相对于水面是亚饱和，而相对于冰面是饱和的状态下长大，在这种状态下长大的冰晶形成卷云中丝缕状的云幡（图 2.8）。

图 2.8　由冰晶组成的卷云

注：云的卷曲的丝缕状结构为幡，该幡表明高空风速从左至右在增大。

影响由气相凝华形成冰晶质量的增长速度的因子与影响液滴凝结增长的因子相似。由于冰晶并非为球形的，等水汽密度并未分布在球面上，因此冰晶气相凝华增长过程更复杂。对于球形的冰晶，讨论该问题较为简单。假设球形冰晶的半径为 r，其质量（M）随时间的变化可表示为

$$\frac{\mathrm{d}M}{\mathrm{d}t} = 4\pi r D \left[\rho_v(\infty) - \rho_{vc} \right] \tag{2.5}$$

其中，$\rho_v(\infty)$ 为远离云滴的水汽密度；ρ_{vc} 为冰晶表面附近的水汽密度；D 为大气中的水汽扩散系数。对于任意形状冰晶质量的增长，可以利用冰晶周围的水汽场分布与同样尺度和形状的荷电的导体静电场电位分布相似的特点，来定量地分析其质量的变化。导体的电荷漏出量（与流向或流出冰晶的水汽通量类似）与导体的静电电容成正比，而导体的电容则是由其尺度和形状决定的。

对于球形导体：

$$\frac{C}{\varepsilon_0} = 4\pi r \tag{2.6}$$

其中，C 为电容；ε_0 为真空中的介电常数，其值为 $8.85 \times 10^{-12} \mathrm{C}^2 \cdot \mathrm{N}^{-1} \cdot \mathrm{m}^{-2}$，结合式（2.5）则有

$$\frac{\mathrm{d}M}{\mathrm{d}t} = \frac{DC}{\varepsilon_0} \left[\rho_v(\infty) - \rho_{vc} \right] \tag{2.7}$$

这个公式更具代表意义，对于任意形状，电容为 C 的冰晶，其质量的增长率均可由此式表达。

如果与 $\rho_v(\infty)$ 对应的水汽压没有比相对于冰面的饱和水汽压（e_{si}）大很多，而且冰晶并不是很小，则有

$$\frac{\mathrm{d}M}{\mathrm{d}t} = \frac{C}{\varepsilon_0} G_i S_i \tag{2.8}$$

其中，S_i 为相对于冰面部分的过饱和度，即 $S_i = \frac{e(\infty) - e_{si}}{e_{si}}$；而 G_i 可由下式表示：

$$G_i = D\rho_v(\infty) \tag{2.9}$$

冰晶在空气饱和的环境中增长时，$G_i S_i$ 随温度的变化特征如图 2.9 所示。

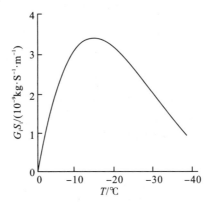

图 2.9　冰晶在饱和条件下增长过程中 $G_i S_i$ 随温度的变化（Wallace and Hobbs，2006）

注：总气压为 1000hPa。

由图可知，$G_i S_i$ 在 $-14^\circ\mathrm{C}$ 时达到最大值，这是由于在该温度下相对于水面和冰面的饱和水汽压差达到最大，于是在混合云中冰晶通过水汽凝华增长，在 $-14^\circ\mathrm{C}$ 时增长的速度达到最大。

在冰晶凝华增长的方程中只有 ρ_{vc} 是未知的，冰晶在凝华增长时其表面被凝华潜热加热，进而会使得 ρ_{vc} 值增加。向远离冰晶的方向热扩散会平衡凝华潜热加热，其物理过程可由下式表示：

$$\frac{\rho_v(\infty) - \rho_{vc}}{T_c - T_\infty} = \frac{K}{L_s D} \tag{2.10}$$

其中，L_s 为凝华潜热；T_c 为冰晶温度；T_∞ 为远离冰晶的环境温度；K 为 $0^\circ\mathrm{C}$ 时的热传导率，与压力无关，$K = 2.40 \times 10^{-2} \mathrm{J \cdot m^{-1} \cdot s^{-1} \cdot K^{-1}}$。

在考虑质量及热量传输的条件下，冰粒子的增长方程可以下式表示：

$$\frac{\mathrm{d}M}{\mathrm{d}t} = \frac{4\pi C(S_i - 1)}{\left[\left(\dfrac{L_s}{R_v T} - 1\right)\dfrac{L_s}{KT} + \dfrac{R_v T}{e_i(T)D}\right]} \tag{2.11}$$

其中，R_v 为气体常数；e_i 为环境水汽压。

云中绝大多数的冰晶都是不规则形状的，这与冰的增长特性有关。但是实验室研究表明，在适当的条件下冰晶可由水汽转变而成，且形状较为规则，或为板状或为柱状，其中最简单的板状为六角板状，最简单的柱状为横截面为六角形的固体柱。这种六边形的形状是由水分子的结构所决定的，冰晶的基本形状如表 2.2 所示。

表 2.2 冰晶的基本形状

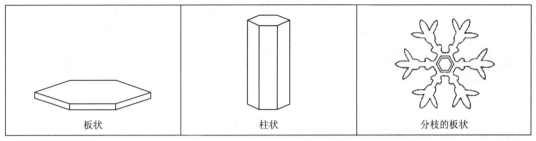

| 板状 | 柱状 | 分枝的板状 |

冰晶的形状不仅与其生长时的温度有关，而且也与其所处的水汽条件有关。

实验室中，在设定好的条件下，由水汽形成冰晶的形状与温度及水汽饱和条件密切相关（详见表 2.3）。温度为 0～-60℃时，冰晶的基本形状分别在-3℃、-8℃、-40℃发生了转变。当空气相对于水面为饱和或过饱和时，冰晶在基本形状的基础上又发生了一些明显的变化。在接近或超过水面饱和时，冰晶的形状在-4～-6℃时为细针状；在-12～-16℃时为板状，外表类似蕨类植物的叶片，亦称为分枝的板状，其直径有时会达到 5mm，而厚度不会超过 0.1 mm；在-9～-12℃及-16～-20℃时为扇形的板状；-40℃以下为柱状冰晶（亦称为子弹状），它们簇集在一起，形成所谓的"子弹玫瑰"。由于冰晶从云中下落到地面的过程中，其所处的环境温度和水汽饱和度都在不断地变化，这些因素致使冰晶的形状十分复杂。

表 2.3 冰晶形状与温度及水汽饱和度的关系

温度/℃	基本形状	水汽饱和度介于冰面和水面之间时的形状	水汽饱和度接近或大于水面饱和时的形状
0～-2.5	板状	六角板状	枝状，-1～-2℃
-3	过渡形状	等轴	等轴
-3.5～-7.5	柱状	柱状	针状，-4～-6℃
-8.5	过渡形状	等轴	卷轴板及扇形板，-9～-12℃
-9～-40	板状	不同类型的板状	扇形板，-16～-20℃
-40～-60	柱状	簇集的固体柱，低于-41℃	簇集的空心柱，低于-41℃

事实上，冰相粒子通过水汽凝华、凇附增长及聚并增长可以成为不同类型的固态粒子。1951 年国际水文学委员会冰雪协会对固态水成物粒子的分类进行了较为详细的定义（详见表 2.4）。

表 2.4 1951 年国际水文学委员会冰雪协会定义的固态水成物粒子的分类（Wallace and Hobbs，2006）

典型的形状	代表符号	图形符号
	F1	

典型的形状	代表符号	图形符号
	F2	
	F3	
	F4	
	F5	
	F6	
	F7	
	F8	
	F9	
	F10	

2.3.2 冰相粒子的凇附增长

在混合云中，冰相粒子可以通过与过冷液滴碰撞，进而在其上冻结增长，这一增长过程亦称为凇附增长。冰相粒子凇附增长可以形成不同的形状，其中一部分形状如表 2.5 所示。当冰相粒子凇附增长到一定程度时，粒子原本的形状就不容易辨识了。冰相粒子通过一段时间的凇附增长最终长成霰粒子，其或为球形，或为锥形。

表 2.5　云中典型凇附增长的冰相水成物粒子图片

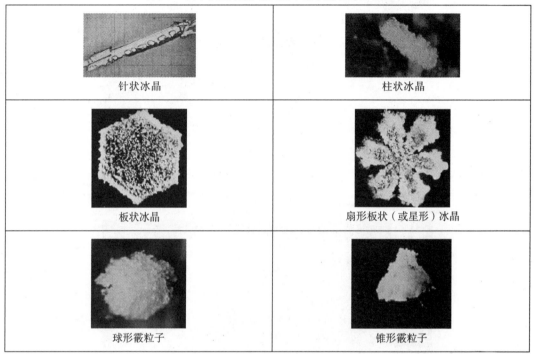

针状冰晶	柱状冰晶
板状冰晶	扇形板状（或星形）冰晶
球形霰粒子	锥形霰粒子

　　冰雹是冰相粒子凇附增长中较为极端的例子，其通常是在强对流高含水量的大气中形成的。冰雹在合适的条件下可以长得很大，有记录的最大的冰雹是美国南达科他州维维安 2010 年 7 月 23 日直径为 20cm、周长为 47.3cm 的冰雹。事实上多数的冰雹的直径不会超过 1cm。冰雹在增长过程中快速与过冷液滴相互作用，液滴冻结在雹胚上时会释放热量，其表面温度会到达 0℃左右，这使得一些液滴不会被冻结。如此一来，冰雹的表面就包括一层液态水，这也被称为湿增长。在这样的条件下，一些液滴会在冰雹的下落过程中脱离冰雹，而另外一些液滴则组成冰水混合结构，形成所谓的"海绵体"冰雹。湿增长过程对应的透明层中蒸发较强，而非透明层中的蒸发则较弱。雹胚主要是嵌入透明层的冻滴，即融化或聚并的霰粒子构成的，而非碰并的液滴或冰雹表面脱落的冰屑形成的。冰雹增长的温度区间为 -2.5～-30.5℃，且主要为 -15～-25℃。

　　观察冰雹的另外一个好方法是"冰雹切片"，将冰雹横切后，并在透射光下进行观察，冰雹由明暗相间的同心环组成（图 2.10）。这些环与冰雹增长的水汽及热动力条件密切相关。

　　由图 2.11 可知，其中看上去较为模糊的亮环中含有大量的小气泡，而暗环中则没有气泡，这是冰雹的典型切片结构，其与冰雹生长的微物理环境及过程密切相关。

图 2.10　1893 年 7 月 8 日在英国约克郡拍摄到的冰雹及其内部结构(Mason，1971)

(其中最大的冰雹的直径为 5cm)

图 2.11　典型的大冰雹清晰切片

2.3.3　冰相粒子的聚并增长

　　云中冰相粒子的另一个增长方式是粒子之间的相互碰撞和聚并。由于云中的冰相粒子形状、尺度及质量都不同，这使得它们的下落末速度也存在明显的差异。非凇附增长柱状冰晶的下落末速度与其长度密切相关，例如冰晶的长度由 1mm 增长到 2mm，其下落末速度则由 $0.5 \mathrm{m \cdot s^{-1}}$ 变为 $0.7 \ \mathrm{m \cdot s^{-1}}$。然而非凇附增长板状冰晶的下落末速度却与其直径的关系不大，这主要是由于板状冰晶的厚度与其直径无关，质量与其横截面积呈线性关系，而作用于板状冰晶上的拖曳力随其横截面积的变化而变化。板状冰晶的下落末速度是由作用于其上的重力和拖曳力决定的，与其直径关系并不大。事实上，非凇附增长的板状冰晶下落末速度差别并不大，它们很难碰撞在一起，除非靠得非常近。凇附增长的冰晶或霰粒子的下落末速度主要依赖于凇附增长的程度及它们的尺度。对于直径为 1mm、4mm 的凇附增长的霰粒子，其下落末速度分别为 $1m \cdot s^{-1}$ 与 $2.5m \cdot s^{-1}$，由于末速度存在差异，凇附增长的冰相粒子碰撞的概率大大增加了。

除了下落末速度以外，影响聚并增长的另一个因素是两个粒子在碰撞时是否会粘连，而冰相粒子类型与温度是决定粒子是否会粘连的重要因素。形状复杂的冰相粒子(如分枝的板状冰晶)在碰撞时相互之间会发生缠绕而粘连；坚实的板状冰晶，在相互碰撞时会弹开，而不会产生粘连。通常而言，温度越高则两个碰撞的冰晶发生粘连的可能性就越大，在温度超过 5℃时，冰晶的表面会变得很黏，这大大增加了冰晶粘连的可能性。

通过飞机上搭载的云粒子成像仪(cloud particle imaging，CPI)探头，对冷云中冰相粒子的聚并可以进行较为充分的观测(图 2.12)。通过飞机观测可以发现，尽管单个的冰相粒子具有较为规则的形状(例如柱状及等板状)，但是发生聚并后的冰晶则有高度不规则的形状，这一不规则与其内在的随机聚并增长特性密切相关。学术界利用分形几何的方法研究聚并增长冰晶的质量和投影面积。在分形几何中冰晶聚并增长的最大维数与质量的关系可由下式表示：

$$m = aD^b \tag{2.12}$$

其中，D 为聚并增长冰晶的最大维数；m 为聚并增长冰晶的质量；a 与 b 为常数。在这个"m-D"关系中常数 b 为 D_f。Heymsfield 等(2004)通过研究拟合得到两个实验中的 D_f 分别为 2.05 及 2.4。此外，式(2.12)还被用来计算冰水含量(ice water content，IWC)。反演的与实际测量的 IWC 对比，通过减小误差，以最终确定 D_f 和 a。通常 D_f 取值范围为 1.4(非凇附增长的板状)～3.0(霰粒子)。此外，根据 D_f 还能够给出 D 与粒子投影面积的关系。当从二维考虑问题时为 D_{f2D}，从三维考虑问题时则为 D_{f3D}，在一般的"m-D"关系中，D 实际为 D_{f3D}。D_{f2D} 描述的是冰相粒子是如何充满二维空间的，而 D_{f3D} 描述的是冰相粒子是如何充满三维空间的。

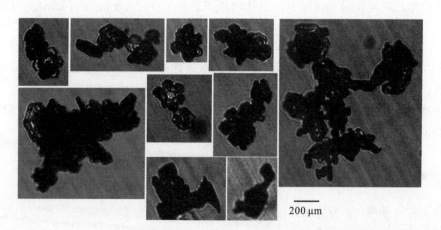

图 2.12　机载云粒子成像仪(CPI)探头记录的云中冰相粒子的聚并增长(Schmitt and Heymsfield，2010)

此外，Heymsfield 与 Miloshevich（2003）定义 *Ar* 为冰相水成物粒子的投影面积与覆盖二维冰相图像最小圆面积的比值，由于要考虑面积，因此将长度的平方也就纳入到粒子状态的范畴中了。

2.3.4 水成物粒子在云中的下落过程中的增长

云中水成物粒子的运动对于云的物理特性有重要的影响，这种影响可以体现于水成物粒子增长率上。水成物粒子在云中主要有两种增长方式，即碰撞增长及扩散增长，前者主要包括两个或多个碰撞和随后的合并，而后者则主要为在水汽过饱和的环境中水汽向水成物粒子表面的扩散。

水成物粒子在云中产生相对运动时，其周围的水汽密度分布会受到运到时流场的影响。对于形状较为规则的水成物粒子（如：球形）而言，其周围的水汽分布也是球对称的。通常而言，水汽密度梯度会在水成物粒子的上升气流中增加。平均而言，相对于云中水成物粒子表面，其周围的水汽密度梯度大于静止水成物粒子周围的水汽密度梯度。总体而言，下落的水成物粒子周围的水汽密度梯度会有所增加，而增加因子也称为通风参数（Pruppacher and Klett，2010）。当水成物粒子在不完全饱和的空气中下落时，其蒸发的速度比其在静止时快的因子称为通风参数。

凝结和蒸发都涉及水的相变，因此对应地就会有潜热的释放和吸收。在下落过程中水成物粒子的热量的转移问题类似于水汽扩散，这也被称为热量扩散。热量扩散率在水成物粒子运动中会增加，同时也有类似的通风参数。在云物理中通常认为热量扩散的通风参数与水汽扩散的通风参数相同。

Beard 与 Pruppacher（1971）较早对下落水成物粒子（小的蒸发液滴）的通风参数在实验室中通过垂直风洞进行了测量；Thorpe 与 Mason（1966）在实验室中测量了下落的六角板的通风参数；List（1963）研究了冰雹增长时的热量和质量的传输。通风参数也可以通过热量传输率计算得到。冰雹的干增长过程中的"气-冰"转换和凝华增长率可以进行较为准确的估算。

冰雹的增长率可以分为两部分，具体可以下式表示（Pruppacher and Klett，2010）：

$$\frac{\mathrm{d}m}{\mathrm{d}t} = \left(\frac{\mathrm{d}m}{\mathrm{d}t}\right)_{\mathrm{accr}} + \left(\frac{\mathrm{d}m}{\mathrm{d}t}\right)_{\mathrm{diff}} \tag{2.13}$$

其中，右边第一项为冰雹的累积增长率（与其他水成物粒子碰撞与合并）；右边第二项为冰雹的水汽扩散增长率。

为了确定球形冰雹在下落过程的通风效果，需要解不可压缩空气假设条件下的不稳定 Navier–Stokes 方程（Pruppacher and Klett，2010），即：

$$\frac{\partial \vec{u}}{\partial t} + (\vec{u} \cdot \nabla)\vec{u} = -\frac{\nabla p}{\rho_{\mathrm{a}}} + \nu\nabla^2\vec{u} + \vec{g} \tag{2.14}$$

$$\nabla \cdot \vec{u} = 0 \tag{2.15}$$

其中，$\vec{u}$ 为空气速度；p 为静压力；ρ_{a} 为空气密度；ν 为空气运动黏性系数；$\vec{g}$ 为重力加速度。而边界条件是

$\vec{u} = 0$，在冰雹表面；

$\vec{u} = u_\infty \cdot \vec{e}_z$，远离冰雹处。

其中，$\vec{u}_\infty$ 为下落末速度；$\vec{e}_z$ 为 z 方向的单位矢量。由于有较大雷诺数的下落冰雹周围的气流不稳定，因此有必要利用不稳定 Navier–Stokes 方程来解决该问题。以上方程可以确定冰雹在下落过程中其周围气流的速度。冰雹周围的水汽密度分布可由水汽的对流不稳定扩散方程来描述，即：

$$\frac{\partial \rho_v}{\partial t} = D_v \nabla^2 \rho_v - \vec{u} \cdot \nabla \rho_v \qquad (2.16)$$

其中，ρ_v 为水汽密度；D_v 为空气中水汽的扩散系数。如果 ρ_v 可以确定，冰雹的扩散增长率可由向着冰雹表面的总的水汽通量来进行计算，即：

$$\frac{\mathrm{d}m}{\mathrm{d}t} = -\oint_s (-D_v \nabla \rho_v)_{r=a} \cdot \mathrm{d}\vec{S} \qquad (2.17)$$

其中，$\mathrm{d}\vec{S}$ 为冰雹表面积的增加；a 为冰雹的等效半径；最前面的负号表示水汽通量是向内的。最终通风参数可由下式给出：

$$\bar{f}_v = \frac{(\mathrm{d}m / \mathrm{d}t)}{(\mathrm{d}m / \mathrm{d}t)_0} \qquad (2.18)$$

其中，$(\mathrm{d}m/\mathrm{d}t)_0$ 为冰雹静止时的增长率；$\bar{f}_v$ 为水汽扩散的平均通风参数，也称为通风参数。通风参数是气流的函数，且无论冰雹增长还是蒸发均是如此。

冰雹的雷诺数可定义为

$$N_{Re} = \frac{d u_\infty}{\nu} \qquad (2.19)$$

其中，d 为冰雹的直径。

Cheng 等（2014）通过研究得到冰雹通风参数与其直径（单位：cm）之间的关系，具体为

$$\bar{f}_v = 21.484d - 5.2139 \qquad (2.20)$$

Cheng 等（2014）还拟合了冰雹通风参数与雷诺数之间的关系，具体为

$$\bar{f}_v = 0.7145 N_{Re}^{-3.2874} \qquad (2.21)$$

此外，Cheng 等（2014）定义了无量纲数：

$$X = (N_{Sc})^{1/3}(N_{Re})^{1/2} \qquad (2.22)$$

其中，N_{Sc} 为施密特数，$N_{Sc} = \nu / D_v$。X 与冰雹通风参数拟合如下：

$$\bar{f}_v = -11.7501 + 0.3865X + 0.00063X^2 \qquad (2.23)$$

研究中发现直径为 2.5cm 的冰雹通风参数为 48，这意味着这个下落的冰雹的增长速度几乎比其静止时快 50 倍；同样，冰雹发生升华时的速度也会比静止时快 50 倍，这种快速的增长对于雹暴的发展至关重要。雹暴中水成物粒子的蒸发可以导致空气冷却，产生负浮力，进而导致下击暴流发生。

同样在云内的冰雹增长区，冰雹在扩散增长凇附时释放的潜热也会以高通风参数为倍数增加，进而使得冰雹爆发性发展。此外，冰雹在快速凇附时释放的大量潜热还会融化冰雹的表面层，使得冰雹的增长进入湿增长阶段。

目前的研究只是局限于具有光滑表面的球形粒子来开展的，且考虑的冰雹增长过程也

相对单一。然而真实的冰雹则多数为不规则的且表面粗糙的椭球形,同时涉及的增长过程也包括干、湿增长。在干增长过程中冰雹表面会产生突起的叶状结构,表面粗糙会改变其流场条件,进而会影响其通风参数。在水成物粒子中除了冰雹,对于霰粒子的通风参数的研究也十分重要,但对其的详细研究目前也较少。

2.4 冷云降水过程

人们很早就注意到自然界存在着各种降水形式,但是就降水各种形式产生的物理机制直到 20 世纪初才开始研究。较有代表性的人物 Wegener 于 1911 年研究认为混合云中冰相粒子可由气相通过凝华而生成;Bergeron(1935)与 Findeisen(1938)发展了更加量化的理论,他们特别指出了冰核在冰晶形成过程中的重要性;Findeisen 的主要工作是在西北欧完成的,他通过观测发现这里的降水都是源于冰粒子。

事实上,从理论上来讲,冷云降水均是源于冰相粒子的。例如,在温度为-5℃、相对于水面饱和的空气中,六角板状的冰晶通过气相凝华而生成,其质量在半小时内约可以到达 7μg,而半径可以达到 0.5mm,该冰晶融化后可形成半径为 130μm 的雨滴,如果上升气流的速度小于冰晶的下落末速度(约为 0.3m·s^{-1}),雨滴在到达地面之前就不会被蒸发掉。通过理论研究还可以发现,由水汽凝华增长的冰晶不会很快转变为大雨滴。

与冰晶的凝华增长不同,冰相粒子的淞附及聚并增长率会随其尺度的增加而增加。通过简单的计算就可以发现,直径为 1mm 的板状冰晶在液态含水量为 0.5g·m^{-3} 的云中落下,几分钟内可以长成半径为 0.5mm 的霰粒子。这一尺度的霰粒子,如果密度为 100kg·m^{-3},下落末速度为 1m·s^{-1},会融化成半径为 230μm 的液滴。

冰晶之间会发生聚并,如果云中冰粒子浓度为 1g·m^{-3},在 30min 内半径为 0.5mm 的雪晶就可以长大为 0.5cm,该聚并粒子的质量约为 3mg,下落末速度约为 1m·s^{-1},该粒子融化后半径约为 1mm。

混合云中冰晶的增长,首先由水汽凝华成初始冰相粒子,然后通过淞附及聚并,在较短的时间内(通常单体中为 40min 左右)便可以长成降水粒子的尺度。冰相粒子在冷云降水中有着非常重要的作用。

当雷达针对含有冷云过程的云进行观测时,通常可以观测到具有高反射率因子的“零度层亮带”。其主要原因是在 0℃ 的高度,冰相粒子融化被水膜包裹,从而大大增加了雷达的反射率因子,但当冰相粒子完全融化成为液滴后,它们的下落末速度就会增加,于是水成物粒子的浓度就会减小,这一变化会使得在 0℃融化层以下反射率因子快速减小。冰相粒子融化后下落末速度的增加是十分明显的,例如多普勒雷达在 2.2km 以上的高度观测到的水成物粒子的下降末速度约为 2m·s^{-1},而在 2.2km 处冰相粒子部分开始融化,在 2.2km 以下基本上为液态水成物粒子,其下落末速度则平均可以达到 7 m·s^{-1}。

参 考 文 献

Al-Naimi R, Saunders C. 1985. Measurements of natural deposition and condensation-freezing ice nuclei with a continuous flow chamber. Atmos. Environ, 19: 1872.

Beard K, Pruppacher H R. 1971. A wind tunnel in vestigation of the rate of evaporation of small water drops falling at terminal velocity in air. J. Atmos. Sci., 28: 1455-1464.

Cheng K Y, Wang P K, Wang C K. 2014. A numerical study on the ventilation coefficients of falling hailstones. J. Atmos. Sci., 71: 2625-2634.

DeMott P J, Chen Y, Kreidenweis S, et al. 1999. Ice formation by black carbon particles. Geophys. Res. Lett., 26: 2429-2432.

DeMott P J, Coauthors. 2015. Integrating laboratory and field data to quantify the immersion freezing ice nucleation activity of mineral dust particles. Atmos. Chem. Phys., 15: 393-409.

Dufour L. 1862. Über das Gefrieren des Wassers und über die Bildung. Des Hagels. Ann. Phys. Chem., 190: 530-554.

Hagen D, Anderson R, Kassner J. 1981. Homogeneous condensation-freezing nucleation rate measurements for small water droplets in an expansion cloud chamber. J. Atmos. Sci., 38: 1236-1243.

Heymsfield A J, Miloshevich L M. 2003. Parameterizations for the cross-sectional area and extinction of cirrus and stratiform ice cloud particles. J. Atmos. Sci., 60(7): 936-956.

Heymsfield A J, Miloshevich L, Schmitt C, et al. 2005. Homogeneous ice nucleation in subtropical and tropical convection and its influence on cirrus anvil microphysics. J. Atmos. Sci., 62: 41-64.

Hung H M, Malinkowski A, Martin S. 2003. Kinetics of heterogeneous ice nucleation on the surfaces of mineral dust cores inserted into aqueous ammonium sulfate particles. J. Phys. Chem. A, 107: 1296-1306.

Isono K. 1955. On ice-crystal nuclei and other substances found in snow crystals. J. Meteor., 12: 456-462.

Koop T, Luo B, Tsias A, et al. 2000. Water activity as the determinant for homogeneous ice nucleation in aqueous solutions. Nature, 406: 611-614.

Kumai M. 1961. Snow crystals and the identification of the nuclei in the northern United States of America. J. Meteor., 18: 139-150.

List R. 1963. General heat and mass exchanges of spherical hailstones. J. Atmos. Sci., 20(3): 189-197.

Mason B J. 1971. The Physics of Clouds. Oxford, UK:Oxford Univ. Press.

Möhler O, Stetzer O, Schaefers S. et al. 2003. Experimental investigation of homogeneous freezing of sulphuric acid particles in the aerosol chamber AIDA. Atmos. Chem. Phys., 3: 211-223.

Mossop S. 1976. Production of secondary ice particles during the growth of graupel by riming. Quart. J. Roy. Meteor. Soc., 102: 45-57.

Pruppacher H R, Klett J D. 1997. Microphysics of Clouds and Precipitation. Amsterdam, Holland: Kluwer.

Pruppacher H R, Klett J D. 2010. Microphysics of Clouds and Precipitation. 2nd ed. Berlin/Heidelberg, Germany: Springer.

Rasmussen D H. 1982. Ice formation in aqueous systems. J. Microsc., 128: 167-174.

Rogers D C. 1993. Measurements of natural ice nuclei with a continuous flow diffusion chamber. Atmos. Res., 29: 209-228.

Schmitt C G, Heymsfield A J. 2010. The dimensional characteristics of ice crystal aggregates from fractal geometry. J. Atmos. Sci., 67: 1605-1616.

Seeley L, Seidler G. 2001. Preactivation in the nucleation of ice by Langmuir films of aliphatic alcohols. J. Chem. Rhys., 114: 10464-10470.

Szyrmer W, Zawadzki I. 1997. Biogenic and anthropogenic sources of ice-forming nuclei: a review. Bull. Amer. Meteor. Soc., 78: 209-228.

Thorpe A D, Mason B J. 1966. The evaporation of ice spheres and ice crystals. Br. J. Appl. Phys., 17: 541.

Vonnegut B. 1947. The nucleation of ice formation by silver iodide. J. Appl. Phys., 18: 593-595.

Wallace J M, Hobbs P V. 2006. Atmospheric Science: An Introductory Survey. Second Edition. Salt Lake City, USA: Academic Press.

Zuberi B, Bertram A, Cassa C A, et al. 2002. Heterogeneous nucleation of ice in $(NH_4)_2SO_4-H_2O$ particles with mineral dust immersions. Geophys. Res. Lett., 29(10): 142.

第 3 章 冷云的热动力过程

当云层发展到 0℃层以上高度，其中含有过冷却水滴及冰相粒子时就被称为冷云。按云型特征分类，冷云主要存在积状冷云(积雨云、高积云、卷积云)和层状冷云(高层云、卷层云、卷云)两种类别。积状冷云主要是由于不稳定大气中的对流运动而产生的，热力对流、第二型冷锋、地形抬升等均可导致其出现。层状冷云则多与气团整层抬升和大范围不规则扰动有关，多出现于暖锋、第一型冷锋系统中，地形作用也有着重要影响。

积状冷云、层状冷云的结构和发展过程存在较大不同。本书选择积雨云、卷云、高层云来探讨积状冷云与层状冷云二者热动力过程的区别。

3.1 积 雨 云

积雨云属于低云，但其发展旺盛，云顶高度通常可达 12km 以上，接近或超过对流层顶，对流层上部的云体由冰晶和冻滴组成，因此被视为冷云(或混合相态云)。积雨云的垂直运动与卷云、高层云都有较大不同，低空上升气流和高空下沉气流在云的发展维持过程中均起到了重要作用，下面将对积雨云的环流结构及触发维持机制加以详细介绍。

3.1.1 积雨云触发机制及结构环流特征

从非降水晴空积云到强降水雷暴，积状云有着多种多样的形式和尺寸范围，因主要受边界层中热对流的影响，所以出现在大气边界层内。Stull(1985)将边界层积云分为三类：强迫的、活跃的以及消散的(图 3.1)。

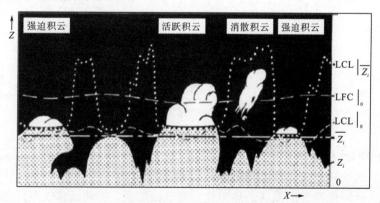

图 3.1　多种边界层积云混合层特征(Stull，1985)

注：浅色阴影代表混合层大气；黑色阴影代表自由大气；白色区域代表云；当 Z_i 是用来表示局地混合层高度时，则其代表平均混合层高度；虚线表示大气在 Z_i 时的抬升凝结高度(lift condensation level，LCL)；短划线表示大气在地表时的抬升凝结高度(LCL)；长划线表示大气在地表时的自由对流高度(level of free convection，LFC)。

　　强迫积云位于边界层上部，是边界层暖流从顶部冲入稳定层形成的云盖罩；活跃积云能上升到自由对流高度上方时，对流十分旺盛；消散积云是活跃积云衰减的产物，由于缺少平整的云底，它们很容易被识别。强迫积云和消散积云即表现为淡积云、浓积云和碎积云，活跃积云即为积雨云。

　　由观测资料分析(Maddox，1976；Houze et al.，1990；Lemon，1998；Parker and Johnson，2000；Zeitler and Bunkers，2005；Matthew et al.，2007)和理论数值模拟研究(Weisman and Klemp，1982；Rotunno，1988；Weisman and Rotunno，2000；陈明轩等，2012)结果表明，近地面大气热力不稳定和水平风在低层的垂直切变是积雨云(深对流)产生的最主要热力因子和动力因子。局地受到强烈的太阳辐射，大气中出现强的对流不稳定，促使已形成的浓积云不断发展，当云顶发展到0℃层以上时可形成积雨云单体。而遇到对流触发机制，如低层切变线、低压、气旋等引起的强烈上升活动则可形成系统性积雨云。

　　Byers 等(1949)将一般的积雨云的发展演变分为三个阶段：积云阶段、成熟阶段以及消散阶段(图 3.2)。

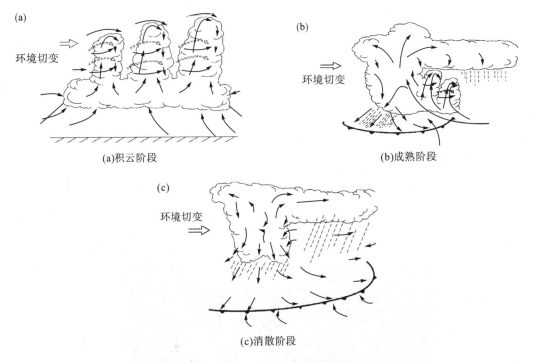

图 3.2　一般雷暴生命周期概要模型

　　积云阶段的特点是出现由低层湿空气辐合上升而成的一个或多个云塔，此时，空气运动主要向上，云顶和侧面会出现夹卷过程；成熟阶段的特点是同时存在上升气流和下沉气流以及降水，此阶段释放的凝结潜热可使上升气流加强，促使云体发展，上层的云砧开始形成。低层的蒸发冷却形成了"冷池"和 "阵风锋"(大雨倾斜引起的强冷性下沉气流)，也可促使地面的暖湿气流抬升；消散阶段的特点是下沉气流和逐渐减少的对流降雨，伴随云砧的层状云降雨，云体开始崩塌消散。

3.1.2　积雨云维持机制

超级单体风暴最初由 Browning(1964)定义，它是发展最为旺盛的深对流系统，因此，本书将以超级单体风暴为例，对维持对流发展的热动力机制进行介绍。

超级单体风暴出现的典型环境是大气存在强烈热力不稳定(对流有效位能(convective available potential energy，CAPE)达到 1000~1500J/kg，甚至更大)，而中低层水平风的明显垂直切变(在 2~3km 存在明显的切变方向改变，至少 90°，在地面至 4~6km 的中低层存在明显的速度切变，达到 20~25m/s 以上)则是重要的动力维持机制。定量数值模拟研究表明，动力因子对超级单体风暴旋转上升气流的总体贡献为 40%~60%，特别是在中低层，动力因子比热力因子的贡献更大(Weisman and Kelmp，1984；McCaul and Weisman，1996；Weisman and Rotunno，2000)。热力不稳定引起的上升气流与中低层垂直风切变相互作用导致风暴中暖湿气流的旋转上升，并且低层垂直风切变同风暴出流相互作用加强风暴前方低层大气的辐合上升，成为具有旋转特性的超级单体风暴发生发展的主要特征。风切变随高度的顺转为超级单体风暴的持续发展和右移提供有利条件。在超级单体风暴的分裂消散阶段低层环境风垂直切变明显减弱，以及风暴的移动使涡度倾斜导致上升气流的加强(Kelmp et al.，1981；Weisman and Kelmp，1982，1984；Davies-Jones，1984；Rotunno and Kelmp，1982，1985；Weisman and Rotunno，2000；McCaul and Weisman，2001)。

近地面冷池是一个重要的边界层特征。冷池是由于风暴中后部降水蒸发冷却导致的冷空气不断下沉扩展而形成的近地面冷空气堆。降水拖曳和垂直扰动气压梯度也会加强下沉气流的发展和冷池的强度。早期研究(Charba，1974；Goff，1976)表明，冷池前部即风暴出流边界(阵风锋)的位置，可能存在较强的辐合上升。三维云尺度数值模拟实验(Droegemeier et al.，1985，1987)证实，如果风暴环境存在低层切变并且有向着风暴出流的低层风分量，那么近地面冷池能促使其前沿空气(阵风锋附近)产生较强的上升运动。根据大量数值模拟研究(Klemp et al.，1981；Weisman and Klemp，1982，1984；Rotunno and Klemp，1982，1985；Weisman and Rotunno，2000；McCaul and Weisman，2001；陈明轩等，2012)表明，超级单体风暴从初始形成到发展成熟阶段，冷池前沿的出流(阵风锋)与风暴前的底层环境风之间相互作用，给发展中的超级单体风暴提供了源源不断的偏东暖湿气流，并促使风暴前的低层暖湿空气不断被抬升，同时在具有旋转特性的强垂直风切变作用下，使其旋转上升进入风暴内，对超级单体风暴的发展非常有利。

Snook 与 Xue(2008)通过数值模拟研究表明，如果近地面冷池太强，其前沿强烈的阵风锋将导致上升气流向后倾斜，从而引起阵风锋附近的低层环流中心和中层中气旋之间出现不连续，并有可能切断风暴前方低层不断上升的暖湿气流，不利于超级单体风暴的进一步发展和维持。当然，如果存在强的低层垂直风切变，也能够对强冷池切断低层暖湿空气供应的负面效应起到一定抑制作用。

当冷池进一步增强并明显扩展，其扩展速度快于风暴发展移动速度，冷池前沿已经伸展到风暴前方并离开风暴，存在明显的"前冲"特征时，低层辐合以及垂直速度累积明显减弱，这些原因则最终导致超级单体风暴分裂消散。

综合来说，积雨云通常由强热力不稳定及各种天气系统（低压槽、低空切变、冷锋等）触发及地面抬升引起，具有同时存在强上升气流和下沉气流这一特点，低层的蒸发冷却形成的"冷池"和下层气流引起的"阵风锋"以及中低层垂直风切变都能进一步促使不稳定的暖湿气流抬升。

在超级单体风暴的发展维持阶段，中、低层强垂直切变对超级单体风暴的发展维持非常有利。中、低层风的垂直切变是导致上升气流产生旋转的主要原因，并且低层风的垂直切变与风暴出流共同作用加强了风暴前方低层大气的辐合上升，这是具有旋转特性的超级单体风暴发生发展最为重要的动力机制，从而区别于一般积云，达到0℃以上高度，形成冷云。

而一定强度的近地面冷池有利于在低层环流中心上方附近不断维持强的上升气流，从而对风暴前方低层的暖湿空气产生强的动力抬升和垂直拉伸作用，同样有利于超级单体风暴的进一步发展和维持。

3.2 卷 云

卷云属于高云，在高云定义中，云顶气压低于 440hPa。因此，无论是在热带还是两极地区，卷云的云顶高度均低于冻结层高度，云顶部分由冰晶或冻结水滴构成。

卷云的形成条件相比于中低云系更苛刻，全球整体而言，高云量占比最低。充沛的水汽供应和低层至高空一致的强的垂直上升气流是生成卷云的必要条件。与中低云低层上升气流高层下沉气流控制的垂直运动特征有所不同。下文将对卷云的形成和维持机制进行详细说明。

3.2.1 卷云触发机制及结构环流特征

大尺度冷扰动或垂直上升气流是卷云形成的主要原因(He et al.，2013)。上升气流可以来自沿着锋面边界大规模发生的抬升，或者高空急流轴附近形成的小尺度垂直环流(Heymsfield，1975；Heymsfield et al.，2010)或深对流。目前认为，中纬度地区卷云的主要形成机制是深对流流出(Li et al.，2005；Fu et al.，2006；Jin，2006)。Fujiwara 等(2009)指出低 OLR (outgoing longwave radiation，射出长波辐射) ($<200\mathrm{W}\cdot\mathrm{m}^{-2}$) 被视为对流层有组织的深对流活动的指标。基于卫星激光雷达测量的卷云统计数据显示，随着 OLR 的减小，卷云的发生频率增加(Dessler et al.，2006)。有实验研究了大尺度垂直速度 Ω 是否对卷云发生有影响，发现大尺度上升气流(负 Ω，典型的垂直速度估计在 $100\sim200\mathrm{cm}\cdot\mathrm{s}^{-1}$ 范围内)有利于卷云的生成，在中纬度和热带地区，大部分的卷云在此条件下被观测到。深对流上部流出是卷云的主要来源，当对流层上层存在风切变，将冰粒从其对流核心吹走时会形成卷云，以及积雨云(深对流)发展到消散阶段，母体崩解后对流层上层的云砧残留而形成的卷云，被称为云砧卷云或伪卷云。

Chen 与 Liu(2005)指出，中纬度地区卷云的形成还可能是由亚洲季风期间大范围湿层的抬升引起的。季风系统中的强对流活动、喜马拉雅山脉、帕米尔高原和昆仑山脉地形可能使亚洲季风区及青藏高原地区有利于卷云的发生。

研究表明，在天气尺度上，卷云和大气波动之间有很强的联系。在中纬度地区，最显著的卷云特征是由与罗斯贝波相关的高空扰动产生的，是对流层上层波的活动导致的冷却所致(Spichtinger et al.，2003)。重力波也能诱导卷云的发生，对流层上部的重力波有几公里到几百公里的波长。它们有多种来源，如地形、对流、风切变、辐射不平衡、锋生(Fritts et al.，2003)。重力波不仅影响大尺度环流，而且也影响卷云的形成及其性质。有分析发现，由深对流所产生的重力波是热带地区卷云的主要生成机制，而中纬度地区的高云量产生可能与重力波形成总体上不太相关。这可以归因于在热带卷云中出现大冰晶的可能性高于中纬度的卷云(Deng et al.，2008)。

这里以钩卷云为例，介绍卷云结构和环流特征。

Heymsfield(1975)指出了不同环境风切变下卷云的三种环流结构(图 3.3)，图 3.3(a)为在头部和尾迹存在有顺风切变的情况。A 区相对湿度足够高，冰晶核化可在此发生，冰晶一旦生成就会迅速长大，被上升气流携带至上方的 B 区，此时云滴可见。核化区域的这一段垂直距离较长，导致 B 区存在冰晶尺寸大小不一，谱宽较宽，容易产生大冰晶下落。但由于正的风切变，上升气流强盛，冰晶仍被输送到更高的区域生长。随着冰晶生长至足够大时，它们从上升气流掉落出来。因此，冰粒早期核化区域及向下风切变的最远区域之间形成了一个"洞"(头部和尾迹间的中空部分)。这个"洞"用来分离云中的上下切变区域，水平宽度约为 150m。继续核化区域及最远的向上风切变的区域形成了头部顶端。冰晶可以通过三种方式进入尾迹：倾斜上升气流、辐射、上升气流终止。冰晶从 C、D 区域通过掉入尾迹部分后，向下风切变导致的下沉气流，使头部的尾迹区的倾斜面会变得更加垂直。头部下方的稳定层中下沉气流干燥，尾迹区的倾斜面开始朝水平方向发展。粒子通过 E 区、再到 F 区，直到位于底部发生升华，此为消散区域。图 3.3(b)中环境表现为逆风切变时，上升气流和头部的尾迹相对位置反向。图 3.3(c)中不存在风切变时，粒子脱离云底之前不会掉出上升气流，不利于卷云进一步发展。总而言之，环境的顺风切变使卷云更为活跃。

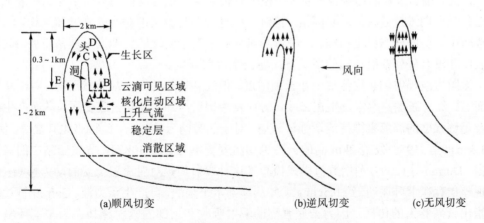

图 3.3 三种情况下钩卷云的结构与环流

3.2.2 卷云维持机制

卷云的垂直结构一般由三个不同的物理区域组成：第一个是靠近云顶的一个高度过饱和的冰生产区域，核化发生在云顶附近的过饱和上升气流中；第二个是过饱和的冰晶生长区域；第三个是靠近云底的亚饱和区域，该区域为冰晶下落升华形成的(Heymsfield and Miloshevich，1995)。冰晶的生成方式对卷云的维持演化有很大的影响(Lin et al.，1998)。

Sassen(1989)、Heymsfield 与 Sabin(1989)、Jensen 等(1994)指出异质成核在较暖的温度或较弱的上升气流中容易发生。形成的卷云为暖性卷云，但在较低的温度环境中，同质冻结核化主导了晶体的形成过程，温度阈值一般为-35℃左右，这种为冷性卷云。

Liu 等(2003)利用卷云数值模型发现，在较暖的云表面温度下(定为-15℃)，发生的是异质核化，冰粒子迅速增大到足以从最初的过饱和的冰产生区域下落到高度更低的亚饱和区域。但是在冷性卷云(定为-32℃)中，在最初的饱和状态相似的情况下，同质核化较异质核化产生的冰粒谱宽会更窄。而由于水汽的竞争，单个冰晶也很小。小冰晶下降速率很低，所以大部分的冰可以停留在最初的过饱和层，而低温也意味着缓慢的冰晶生长，限制了云层中水蒸气的消耗，使得大量的水蒸气可以通过绝热加热潜热释放诱导的上升气流进入云层的上部，使云的上部保持过饱和，使云顶附近产生足够的新冰晶来维持卷云的发展。因此，冷性卷云往往比暖性卷云的生命期更长。可以说，低温是维持卷云发展的主要因素。

潜热释放对卷云发展也有影响，研究结果表明，绝热加热的潜热释放在早期和后期有两个不同的作用。它似乎为最初的扰动提供能量，从而产生相对较多的冰晶，从而为早期的云发展提供了积极的反馈。另外，正在进行的成核过程和冰的生长使云上层变暖，而冰晶沉降到下层的亚饱和层则在下层产生升华冷却。在云发展的后期阶段，绝热加热非常显著地使顶部变暖和底部变冷，使云层最终趋于稳定，在云演化的后期限制卷云的发展。

同时，辐射过程的影响也很重要，模拟有辐射与无辐射过程的对比实验结果表明，辐射过程是后期维持卷云的重要因素。辐射过程直接影响云层中对流的强度和结构。辐射加热改变了该层的静态稳定结构。这种影响累积起来对于云层的长期发展非常重要。数值研究表明在没有任何辐射过程的情况下，卷云生命期变短。

太阳短波辐射加热往往集中在云顶附近，但红外加热的情况却截然不同。对于暖性卷云而言，红外线加热通常发生在云底，云顶发生辐射冷却。因此云底变暖，从而产生对流以及足够强度的湍流来维持或增强该云层。对于热带的云砧卷云，此特点尤其显著。例如，Ackerman 等(1988)发现 2km 高的云砧平均温度变率为 20～30K/d，导致云砧中的对流不稳定。Durran 等(2009)利用数值模式检验了这种辐射加热对对流层上层的动力影响。他们发现该层存在上升运动，约 0.5cm·s^{-1}，并从顶部水平辐散，可产生重力波。Garrett 等(2008)则指出云砧卷云的传播是因为云底强烈的辐射吸收和顶部的辐射冷却在云与其环境之间产生了水平温度梯度。

而由于冷性卷云比暖性卷云通常薄许多，因此卷云整体被辐射加热，不会因辐射加热而产生有效对流。因此，白天的暖性卷云比夜间的卷云更活跃（白天辐射加热更利于卷云发展），但对于冷性卷云，情况正好相反（夜间低温更利于卷云发展）这一结论得到合理解释。

基于前面的描述，本书给出了与动力学和热力学相关的卷云形成和维持机制。首先，卷云与积雨云的不同之处在于它需要近地面层到对流层顶一致的强上升运动。因此，深对流为产生卷云的主要机制。低 OLR（<200W·m^{-2}）被视为深对流活动的指标。OLR 越低，卷云发生频率越高。除此之外，上升气流可以来自沿锋面大范围的抬升，或者高空急流轴附近形成的小尺度垂直环流。同时，卷云与罗斯贝波、重力波相关。高空中波扰动导致的冷却容易导致卷云生成。以钩卷云为例指出卷云的结构环流特征：卷云主要由头部和尾迹构成，上升气流作用下，冰晶不断核化生长形成了云顶，直到冰晶足够重后自然下落，形成尾迹。头部与尾迹之间存在一个空隙，为向上风切变与向下风切变的分界。环境的顺风切变利于上升气流增强以及倾斜掉入尾迹中，对卷云的发展有利。

同时，卷云的维持受到辐射和云温的影响。冷暖性卷云之间存在差异。白天，由于暖性卷云云底受红外辐射加热，而云顶受长波辐射冷却，因此云中进一步形成对流以维持卷云发展。而通常冷性卷云比暖性卷云薄许多，因此卷云整体被辐射加热，白天暖性卷云居多。但夜间，以同质核化为主的冷性卷云中冰晶缓慢生长，晶体很小，下降速率很低，所以大部分的冰可以停留在最初的过饱和层，并可以通过绝热加热潜热释放诱导的上升气流进入云层的上部，维持卷云的发展。因此，夜间冷性卷云生命期更长。可以说辐射加热和潜热加热是卷云维持的主要机制。

3.3　高　层　云

高层云属于中云，绝大部分由低层水滴和高层冰晶混合构成，因云顶高度一般高于0℃层，故被视为冷云。最常见的形式是无特征的云片，但由于风切变的缘故，它可以是波状的。它也可以是分散的（纤维状的），这通常是由减弱的或上层的暖锋所致。高层云也会由卷层云、雨层云演变而来，以及积雨云消散阶段，云砧降低亦可演变为高层云。

高层云与积雨云、卷云垂直运动最大的不同在于，高层云要求低层辐合、中层辐散，下文将对高层云的这一独特机制进行说明。

高层云是由大范围湿气团的整体抬升后经绝热冷却而形成的范围广大的层状云，倾向于在一个暖锋或锢囚锋的前方发生，也可能与冷锋前的积云或积雨云一起出现，常常发生在对流层中、高层气旋性涡旋中（例如，热带气旋里发现有大量高层云），或是由大范围的地形抬升所致。通常情况下，大气为稳定的层结，云中的湍流是微弱的。

值得注意的是，诸多研究表明（Zhang et al.，2014；Yu et al.，2004），我国青藏高原东部及下游地区，特别是四川盆地（103°E～108°E），高层云的出现频率远远超出所有其他云型。这与青藏高原独特的热动力作用有关。

Yu 等（2004）研究指出，在一年的大部分时间里，特别是从 11 月到次年 5 月，青藏高原不断暴露于对流层西风带。隆起的高原地形使上游的低层西风流分叉，迫使周围的气流向下游汇合，低层产生辐合。同时，高原也减缓了流经其上的中层西风带，导致下游对流层中高层流速分化，产生辐散。低层辐合和中高层辐散促进了上升运动和水汽的垂直输送，因此，高原不断产生高层云。

高原的机械强迫为形成高层云提供了有利的大尺度环境，然而，仅上升气流和高湿度环境不足以决定高层云的生成。稳定的层结对于高层云的形成而言很重要，它倾向于将水汽限制在对流层中层并产生凝结(Yu et al.，2004；Li and Gu，2006)。稳定层产生的具体机制为：低层西风气流的南支由于其轨迹穿过温暖的印度次大陆和孟加拉湾而被暖湿气流补给。低层湿润的南支气流由横断山脉通过地形强迫抬升，使青藏高原下游的对流层中层湿润和升温。而地表冷空气由西伯利亚向青藏高原北部流动，云贵高原加强了降温效果，导致低空冷却。对流层低层的降温和中层的升温共同增加了稳定性。高原背风侧即东部地区层结温定，为高层云提供了适宜的条件(Yu et al.，2004)。

高层云特别受热力稳定性变化的影响。研究表明(Li et al.，2003；Zhang et al.，2014)，高层云通常呈现明显的日变化特征，高层云夜晚出现的频率比白天高。冬夏两季云量也差异显著，全球而言，冬季云量高于夏季(刘奇等，2010)，这与地表温度有很大相关。当地表冷却时，增加的静态稳定性有利于高层云形成，同时抑制深对流和相关的卷云形成。然而，当地表变暖时，诱发的不稳定层可能部分有利于积云对流云的形成(Zhang et al.，2014)。

Zhang 等(2014)还指出了地表温度和高层云之间存在两个正反馈过程：一个是通过相对湿度的变化引起的，另一个是通过层结稳定性引起的。地表温度上升导致相对湿度减小和层结稳定性降低，两者都抑制了高层云的发展。高层云的减少反过来会减少云的辐射冷却，有利于表面进一步的变暖。与之相反，地表冷却会增加高层云的数量，而进一步增强地表冷却。事实也证明了云的变化与地表温度的变化非常相关。在 1986 年到 1987 年的变暖期间，地表温度升高了 0.78℃，净云辐射强迫增加了 6 $W·m^{-2}$，高层云云量减少 3.3%。另外，从 1987 年到 1989 年的降温期间，地表温度下降了 0.78℃，净云量辐射强迫下降了 13 $W·m^{-2}$，高层云云量增加了 6.2 %。

总体来说，高层云主要的物理机制涉及三个主要过程：①低层大范围稳定抬升；②充足的水汽；③中层变暖和低层冷却的综合导致的对流层中层稳定层结。稳定层结是促成高层云形成的关键。因此，高层云特别受热力稳定性变化的影响。高层云夜晚出现的频率比白天高，冬季云量高于夏季，其与地表温度有很大相关性。当地表冷却时，增加的静态稳定性有利于高层云形成。

参 考 文 献

陈明轩, 王迎春, 肖现, 等. 2012. 基于雷达资料四维变分同化和三维云模式对一次超级单体风暴发展维持热动力机制的模拟分析. 大气科学, 636(5): 929-944.

刘奇, 傅云飞, 冯沙, 等. 2010. 基于 ISCCP 观测的云量全球分布及其在 ncep 再分析场中的指示. 气象学报, 68(5): 689-704.

Ackerman T P, Liou K N, Valero F P J, et al. 1988. Heating rates in tropical anvils. J. atmos. Sci., 45(1988): 1606-1623.

Bennetts D A, McCallum E, Nicholls S. 1986. Stratocumulus: an introductory account. Meteorol. Mag., 115: 65-76.

Brost R A, Lenschow D H, Wyngaard J C. 1982a. Marine stratocumulus layers. Part I: Mean conditions. J. Atmos. Sci., 39(4): 800-817.

Brost R A, Wyngaard J C, Lenschow D H. 1982b. Marine stratocumulus layers. Part II: Turbulence budgets. J. Atmos. Sci., 39(4): 818-836.

Browning K A, Ludlam F H. 1962. Airflow in convectioe storms. Q. J. R. Meteorol. Soc., 88(378): 117-135.

Browning K A. 1964. Airflow and precipitation trajectories within severe local storms which travel to the right of the winds. J. Atmos. Sci., 21(21): 634-639.

Charba J. 1974. Application of gravity current model to analysis of squall line gust front. Mon. Weather Rev., 102(2): 140-156.

Chen B, Liu X. 2005. Seasonal migration of cirrus clouds over the Asian Monsoon regions and the Tibetan Plateau measured from MODIS/Terra. Geophysical Research Letters, 32(32): 1029-1039.

Chen C, Cotton W R. 1983. Numerical experiments with a one-dimensional higher order turbulence model: simulation of the wangara day 33 case. Boundary-Layer Meteorology, 25(4): 375-404.

Corfidi S F. 2003. Cold pools and MCS propagation: forecasting the motion of downwind-developing MCSs. Wea. Forecasting, 18(6): 997-1017.

Daviesjones R. 1984. Streamwise vorticity: the origin of updraft rotation in supercell storms. J. atmos. Sci., 41(20): 2991-3006.

Deng M, Mace G G. 2006. Cirrus microphysical properties and air motion statistics using cloud radar doppler moments. Part I: Algorithm description. Journal of Applied Meteorology & Climatology, 45(12): 1690-1709.

Dessler A E, Palm S P, Hart W D, et al. 2006. Tropopause-level thin cirrus coverage revealed by icesat/geoscience laser altimeter system. Journal of Geophysical Research Atmospheres, 111(D8): 227-241.

Droegemeier K K, Wilhelmson R B. 1985. Three-dimensional numerical modeling of convection produced by interacting thunderstorm outflows. Part I. Control simulation and low-level moisture variations. J. Atmos. Sci., 42(22): 2381-2403.

Droegemeier K K, Wilhelmson R B. 1987. Numerical simulation of thunderstorm outflow dynamics: Part I. Outflow sensitivity experiments and turbulence dynamics. J. Atmos. Sci., 44(8): 1180-1210.

Durran D R, Dinh T, Ammerman M, et al. 2009. The mesoscale dynamics of thin tropical tropopause cirrus. Journal of the Atmospheric Sciences, 66(66): 2859-2873.

Duynkerke P G, Zhang H, Jonker P J. 1930. Microphysical and turbulent structure of nocturnal stratocumulus as observed during astex. Journal of the Atmospheric Sciences, 52(16): 2763-2777.

Fu R, Hu Y, Wright J S, et al. 2006. Short circuit of water vapor and polluted air to the global stratosphere by convective transport over the tibetan plateau. Proc Natl Acad Sci U S A, 103(15): 5664-5669.

Fujiwara M, Iwasaki S, Shimizu A, et al. 2009. Cirrus observations in the tropical tropopause layer over the western Pacific. Journal of Geophysical Research, 114(D9): 1-23.

Garrett T J, Navarro B C, Twohy C H, et al. 2005. Evolution of a Florida cirrus anvil. Journal of the Atmospheric Sciences, 62(7): 2352.

Goff R C. 1976. Vertical structure of thunderstorm outflow. Mon. Weather Rev., 104(104): 1429-1440.

He Q S, Li C C, Ma J Z, et al. 2013. The properties and formation of cirrus clouds over the tibetan plateau based on summertime lidar measurements. Journals of the Atmospheric Sciences, 70(3): 901-915.

Heymsfield A J, Miloshevich L M. 1995. Relative humidity and temperature influences on cirrus formation and evolution:

observations from wave clouds and fire. Journal of Atmospheric Sciences, 52(23): 4302-4326.

Heymsfield A J, Sabin R M. 1989. Cirrus crystal nucleation by homogeneous freezing of solution droplets. Journal of the Atmospheric Sciences, 46(14): 2252-2264.

Heymsfield A J. 1975. Cirrus uncinus generating cells and the evolution of cirriform clouds. Part II: The structure and circulations of the cirrus uncinus generating head. Journal of the Atmospheric Sciences, 32(4): 799-808.

Heymsfield G M, Tian L, Heymsfield A J, et al. 2010. Characteristics of deep tropical and subtropical convection from nadir-viewing high-altitude airborne doppler radar. Journal of the Atmospheric Sciences, 67(67): 285-308.

Houze R A, Smull B F, Dodge P. 1990. Mesoscale organization of springtime rainstorms in Oklahoma. Monthly Weather Review, 118(118): 613.

Jensen E J, Toon O B, Westphal D L, et al. 1994. Microphysical modeling of cirrus: 1. comparison with 1986 fire ifo measurements. Journal of Geophysical Research Atmospheres, 99(D5): 10421-10442.

Jin M. 2006. Modis observed seasonal and interannual variations of atmospheric conditions associated with hydrological cycle over tibetan plateau. Geophysical Research Letters, 33(19): 277-305.

Klemp J B, Wilhelmson R B, Ray P. 1981. Observed and numerically simulated structure of a mature supercell thunderstorm. J. Atmos. Sci., 38(38): 1558-1580.

Li Q, Jiang J H, Wu D L, et al. 2005. Convective outflow of South Asian pollution: a global CTM simulation compared with EOS MLS observations. Geophysical Research Letters, 32(14): 337-349.

Li Y, Gu H. 2006. Relationship between middle stratiform clouds and large scale circulation over eastern china. Geophysical Research Letters, 330(9): 881.

Li Y, Yu R, Xu Y. 2003. The formation and diurnal changes of stratiform clouds in Southern China. Acta Meteorologica Sinica, 61(6): 733-743.

Lin H, Noone K J, Ström J, et al. 1998. Dynamical influences on cirrus cloud formation process. Journal of the Atmospheric Sciences, 55(55): 1940-1949.

Liu H C, Wang P K, Schlesinger R E. 2003. A numerical study of cirrus clouds. Part II: Effects of ambient temperature, stability, radiation, ice microphysics, and microdynamics on cirrus evolution. Journal of Atmospheric Sciences, 60(9): 1097-1119.

Lock A P. 1998. The parameterization of entrainment in cloudy boundary layers. Q. J. R. Meteorol. Soc., 124(552): 2729-2753.

Maddox R A. 1976. An evaluation of tornado proximity wind and stability data. Monthly Weather Review, 104(2): 133.

McCaul E W, Weisman M L. 1996. Simulations of shallow supercells in landfalling hurricane environments. Mon. Weather Rev., 124: 408-429.

McCaul E W, Weisman M L. 2001. The sensitivity of simulated supercell structure and intensity to variations in the shapes of environmental buoyancy and shear profiles. Monthly Weather Review, 129(129): 664-687.

Moeng C H. 2000. Entrainment rate, cloud fraction, and liquid water path of PBL stratocumulus clouds. J. Atmos. Sci., 57(21): 3627-3643.

Parker M D, Johnson R H. 2000. Organizational modes of midlatitude mesoscale convective systems. Monthly Weather Review, 128(10): 3413.

Rotunno R, Klemp J B. 1982. The influence of the shear-induced pressure gradient on thunderstorm motion. Monthly Weather Review, 110(2): 136-151.

Rotunno R, Klemp J. 1985. On the rotation and propagation of simulated supercell thunderstorms. Journal of the Atmospheric

Sciences, 42(42): 271-292.

Rotunno R. 1988. A theory for strong, long-lived squall lines. Journal of Atmospheric Sciences, 45(3): 463-485.

Sassen K. 1989. Haze particle nucleation simulations in cirrus clouds, and applications for numerical and lidar studies. Journal of Atmospheric Sciences, 46(19): 3005-3014.

Snook N, Xue M. 2008. Effects of microphysical drop size distribution on tornadogenesis in supercell thunderstorms. Geophysical Research Letters, 35(24): 851-854.

Spichtinger P, Gierens K, Leiterer U, et al. 2003. Ice supersaturation in the tropopause region over lindenberg, germany. Meteorologische Zeitschrift, 12(2003): 143-156.

Stull R B. 1985. A fair-weather cumulus cloud classification scheme for mixed-layer studies. Journal of Applied Meteorology, 24(1): 49-56.

Weisman M L, Klemp J B. 1982. The dependence of numerically simulated convective storms on vertical wind shear and buoyancy. Mon. Weather Rev., 110(6): 504-520.

Weisman M L, Klemp J B. 1984. The structure and classification of numerically simulated convective storms in directionally varying wind shears. Mon. Weather Rev., 112(112): 2479-2498.

Weisman M L, Rotunno R. 2000. The use of vertical wind shear versus helicity in interpreting supercell dynamics. Journal of the Atmospheric Sciences, 57(9): 1452-1472.

Yu R, Wang B, Zhou T. 2004. Climate effects of the deep continental stratus clouds generated by the tibetan plateau. Journal of Climate, 17(13): 2702-2713.

Zeitler J W, Bunkers M J. 2005. Operational forecasting of supercell motion: review and case studies using multiple datasets. Natl. wea. Dig., 29: 81-97.

Zhang Y, Chen H, Yu R. 2014. Vertical structures and physical properties of the cold-season stratus clouds downstream of the tibetan plateau: differences between daytime and nighttime. Journal of Climate, 27(18): 6857-6876.

Zhang Y, Yu R, Li J, et al. 2013. Dynamic and thermodynamic relations of distinctive stratus clouds on the lee side of the tibetan plateau in the cold season. Journal of Climate, 26(21): 8378-8391.

第4章 冷云的起电、放电过程

由于云体处于0℃层以上，冷云中含有大量的冰相粒子，与冰相粒子有关的起电机制是云内主要的起电机制，因而冷云中的电活动往往比较强烈，是灾害发生的主要载体之一。因此，本章主要介绍冷云的起电、放电过程，以及冷云的电荷结构及其演变，并探讨影响冷云中电活动的主要因素。

4.1 冷云的起电过程

冷云的起电过程存在离子起电和粒子起电两种机制，离子起电机制与晴天大气中的正负电荷有关，与云内水成物粒子的相互作用无关，考虑由于对流、传导以及离子扩散、湍流扩散引起的电荷生成及输送，主要包括离子扩散、离子电导和对流起电三种机制，而粒子起电机制依赖于云内水成物粒子之间的相互作用，主要包括感应起电机制、非感应起电机制及次生冰晶起电机制。本节将分别介绍上述六种起电机制。

4.1.1 离子扩散起电机制

如图 4.1 所示，由于地球大气本身就存在自由带电离子(宇宙射线、地面放射性作用形成)并且正负离子迁移率不同，冷云内原本中性的水滴选择性地捕获动能扩散(热扩散力、静电库仑力作用)的自由离子从而带上某种净电荷，即离子扩散起电。后来有研究认为，这些尺度小、质量轻的正、负自由离子在热扩散作用下，在与气溶胶及各种水成物粒子碰撞时被捕获，形成较大的大气离子(Gun et al.，1954)。离子扩散起电和离子电导起电通常同时起作用，合称为离子捕获起电。下面将介绍离子电导起电机制。

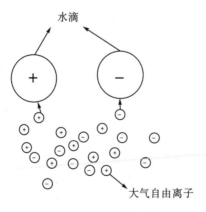

图 4.1　离子扩散起电示意图

4.1.2 离子电导起电机制

离子电导起电是指在晴天大气电场作用下，冷云内的水滴被极化使得上下表面荷异号等量电荷(上负下正)，由于其降落速度及大气中存在的正负离子迁移速率的差别，水滴通过电导吸附作用，选择性地捕获离子而带上不同极性净电荷。如图 4.2 所示，k_+ 和 k_- 分别为正、负离子的迁移率，当水滴自身重力作用大于上升气流的抬升作用时便会降落，当其降落速度小于正离子在电场中的迁移速度，即 $k_+E>V$ 时，水滴对正、负离子有相近的捕获率，但离子电导率及水滴荷电情况的不同使得正负离子被捕获的速率有差别，水滴荷电极性可正可负，此时水滴极化后的选择性捕获不明显；当 $k_+E<V$ 时，水滴的降落速度比正离子迁移速度快，水滴下部的正离子便会受到其下部极化正电荷的排斥，水滴会通过电导吸附作用不断吸引负离子带上净负电荷(陈渭民，2003)。但有研究指出，在晴天大气电场作用下，由于正负离子迁移率的不同，被极化的水滴会荷净正电荷(Frenkel，1944)。

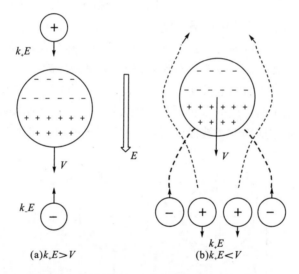

(a)$k_+E>V$ (b)$k_+E<V$

图 4.2 离子电导起电示意图(陈渭民，2003)

4.1.3 对流起电机制

对流起电过程如图 4.3 所示，该理论认为在上升气流作用下，近地面层的净正离子被输送到冷云中[图 4.3(a)]，而宇宙射线在冷云上部产生的负电荷被吸附在云边界(附在云滴或冰晶上)，冷却和对流循环产生的下沉气流将负电荷由边界输送到云下部[图 4.3(b)]，从而使云下部的负电荷的地面电场增强，地面形成感应正电荷，当电场足够大使地面尖端物体出现电晕放电时，其产生的正电荷又随上升气流到达云上部[图 4.3(c)]，这个正反馈过程促使冷云内上正下负的偶极性电荷结构的形成。

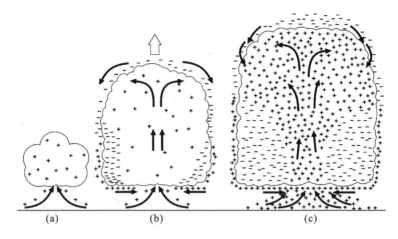

图 4.3 对流起电示意图(Saunders, 2008)

4.1.4 感应起电机制

晴天大气中存在向下的垂直电场，使得地球表面携带负电荷，晴天大气携带正电荷，因此在环境电场的作用下，若云中粒子的导电率足够大，粒子中便会形成感应电荷。离子电导起电是云内被极化的水滴通过捕获大气中的离子带上净电荷，而感应起电过程是由被极化的水成物粒子相互作用而形成的，如图 4.4 所示，被极化的大粒子(霰粒或雨滴)和小粒子云滴发生碰撞后，接触面的电荷发生中和，大粒子带净负电荷，云滴带净正电荷，在上升气流和重力的作用下荷正电的云滴上升，而大粒子下落，从而加强了外部环境电场。感应起电机制的前提是水成物粒子被极化，因而感应起电机制要起作用必须存在较强的初始电场。

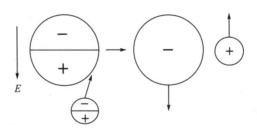

图 4.4 感应起电示意图

Muller-hillebrand(1954)基于上述理论研究了冰和霰粒之间的碰撞,结果表明冰粒子间的碰撞导致的电荷分离要多于液态粒子之间的碰撞,并提出粒子由碰撞到分离接触的时间越长，则转移的电荷越多。Illingworth 与 Caranti(1985)对冰-冰碰撞情形进行了实验，发现电荷转移与自然形成的冰的纯度有关，其电导率足够在外部电场作用下形成感应电荷，但是不足以在短暂的碰撞时间内完成电荷的转移，他们发现通过增加冰晶的电导率，两个粒子碰撞时电荷转移量才能达到感应电荷转移量的理论值。

Sartor(1981)指出当霰的表面较粗糙时，云滴与霰粒的碰撞分离率会增加。Brooks 与 Saunders(1994)在实验室的云室中对感应起电过程进行了研究，他们发现，云室中一个冰包覆的球体在一个垂直电场中从含过冷水滴的云团落下，当过冷水滴从凇附增长的霰粒回弹时，可以测量到显著的电荷转移。目前学术界认为冷云起电过程中的感应起电主要是冰-水感应碰撞，即冰相粒子与小云滴之间的碰撞。

4.1.5　非感应起电机制

自 20 世纪 80 年代以来，国内外学者对雷暴云的起电机制的研究主要集中于冷云中的非感应起电机制，冷云中的非感应起电被认为是雷暴云中最重要的起电机制，已经被科学家认可和接受。非感应起电过程与环境电场无关，其主要发生在冷云的冰水共存区，指霰粒子和冰晶粒子之间发生碰撞，两粒子间存在一定温差，由于热电效应，粒子表面形成接触电位差导致不同极性电荷的转移。

在实验室中，Reynolds(1957)首次在云室做了有关冰相粒子间的非感应起电实验，他在实验中用冰球表示霰粒，测得当冰晶与霰粒碰撞分离时(如图 4.5 所示)转移到霰粒上的电荷与冰晶获得的电荷数量相等且极性相反，其实验结果表明在-25℃左右的环境温度下，霰与冰晶碰撞反弹后，霰荷负电而冰晶荷正电。Takahashi(1978)用直径为 3mm 的凇附探头代表霰，测量其与冰晶碰撞过程中电荷的转移情况，如图 4.6 所示，其实验结果表明在温度高于-10℃的区域，冰晶与霰粒子(凇附探头)碰撞，霰粒子获得正电荷，冰晶获得负电荷；温度低于-10℃时，在云水含量过高或者过低的情况下，霰粒子均获得正电荷，冰晶获得负电荷，而在云水含量适中的情况下，冰晶获得正电荷，霰粒子获得负电荷。霰粒与冰晶碰撞得到的电荷极性发生反转的温度定义为反转温度(T_r)，随后的研究证实了霰粒荷电极性随温度的变化而变化，并发现反转温度随着云内液态水含量的降低而升高(Jayaratne et al.，1983)，Saunders 等(1991)也得到相同结论。如图 4.7 所示，作者发现有效液态水含量(即云中只供霰粒生长的液态水)越高，反转温度越低；同时，其研究包含了云内有效液态水含量较低时霰粒的荷电极性，由图 4.7 可见，在有效液态水含量较低时霰粒在温度高于-16℃的区域获得负电荷，在低于-20℃的区域获得正电荷。

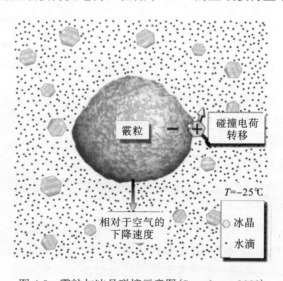

图 4.5　霰粒与冰晶碰撞示意图(Saunders，2008)

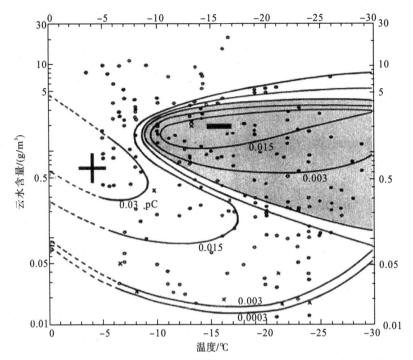

图 4.6　不同云水含量与温度条件下霰粒得到的电荷(Takahashi，1978)

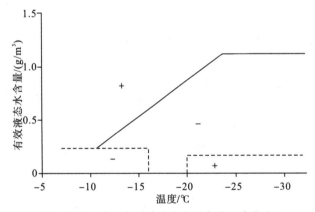

图 4.7　霰粒得到电荷极性随温度和有效液态水含量变化而变化(Saunders et al.，1991)

此外，还有研究发现碰撞转移的电荷量取决于碰撞速度和冰晶的尺寸，如 Keith 与 Saunders(1990)使用直径最大达 800μm 的冰晶扩展了以前的研究工作，发现小冰晶的电荷转移量增加更快，而较大尺寸冰晶的电荷转移量以较低的速率增加，同时指出冰晶与霰粒之间的相对速度对霰粒获得的转移电荷量影响显著，相对速度最小时转移电荷量为零；Brooks 与 Saunders(1994)的研究结果表明冰晶和霰粒之间相对速度越大,转移的电荷量越多(呈正相关)。

目前，对于冰晶与霰粒碰撞过程中控制电荷转移的确切机制仍存在争议，其中冰相粒子相对增长率影响电荷转移的理论得到更多认同。Marshall 等(1978)和 Gaskell 与 Illingworth(1980)发现在温度、液态水含量不同的情况下，冰相粒子的生长或消散均会影响非感应起电过程中电荷转移的极性。Baker(1987)研究发现，相互作用的冰晶和霰粒中增长更快的粒子荷正电。Baker 与 Dash(1989，1994)提出了一种机制来解释这种依赖于粒子生长率的电荷转移，他们认为在冰表面也许存在一层液态层(liquid-like layer)，由于温差效应，较活跃并带有正电荷的氢离子(H^+)易向温度梯度降低的方向扩散，而较稳定的且带有负电荷的 OH⁻ 较多地存在于温度较高的液态层外部，液态层的厚度随生长率变化，增长更快的粒子液态层更厚，在粒子相互作用时能提供更多的负电荷，两个冰相粒子碰撞分离后，液态层较厚的粒子将把它的部分质量连同负电荷一起转移到液态层较薄的粒子上，并带上正电荷。Saunders 等(1999)也提出冰相粒子的表面增长率是影响霰和冰晶碰撞时电荷转移的重要因素。Saunders 等(2006)指出两个冰相粒子碰撞时刻的表面扩散增长率是影响电荷转移极性的最重要的因素，并指出云中过饱和度和冰晶增长速率呈正相关。目前，国内外已经有一些关于云水饱和度对冷云中非感应起电过程的影响的研究工作，如 Emersic 与 Saunders(2010)在实验室进行了非感应起电过程研究，其结果表明云中过饱和度会影响霰和冰晶所带电荷的极性；孙京与郭凤霞(2015)的研究表明，霰和冰晶粒子对云水环境的变化很敏感，云水环境过饱和时霰易荷正电，他们指出了温度、液态水含量对电荷转移的影响，其实是云水饱和度影响冰相粒子增长方式进而影响电荷转移。

此外，相关学者还提出了一些起电机制，也属于非感应起电一类，但这些理论仍存在争议，或者是研究发现其对冷云中的起电贡献很小，例如 Workman-Reynolds 效应，即冻结起电机制，该理论认为当水溶液冻结时，冰-水界面上存在电位差，若冻结过程中断或者水滴因碰撞移除，将会产生电荷分离，研究发现冰粒荷电的性质与溶液中离子类型、浓度相关，铵根离子(NH_4^+)使冰粒荷正电，氯离子(Cl⁻)使冰粒荷负电(Workman and Reynolds，1948)；冻滴破碎起电机制认为液滴被冻结时，其表面会形成冰壳，若此时冻滴破碎便会产生电荷分离，其主体部分荷负电，产生的冻滴碎片荷正电；融化起电机制，即冰融化形成的云滴含有气泡，气泡使得融化水表面产生切变，从而破坏了表面的电偶极层，融化水主体及气泡与之相连部分荷正电，气泡其他部分荷负电，气泡破裂时便会产生带负电荷的水沫或液滴，从而带走负电荷，形成电荷分离。由于这些机制还有待进一步的研究，并且不是主要的起电机制，因而本节仅作简单介绍，不过多讨论。

总体而言，冷云中非感应起电过程依赖于霰粒与冰晶之间的碰撞分离，以往大量的实验及研究均表明霰粒子与冰晶碰撞分离引起的转移电荷极性和电荷转移量受到不同因素的影响，主要依赖于温度、云内液态水含量，还与霰粒和冰晶之间碰撞速度、碰撞冰晶的尺寸有关。

4.1.6 次生冰晶起电机制

如图 4.8 所示，冷云中的冰粒与过冷水滴碰撞冻结，表面产生裂缝喷射出许多小冰粒散片——次生冰晶(次生冰晶效应)，由于碰冻表面温差产生的接触电位差，冰粒和次生冰晶之间会发生电荷转移，即次生冰晶起电机制，该过程中转移电荷的极性与温度、液态水含量及冻结表面的物理状态相关，在液态水(水汽)含量较高时，霰粒、冰雹得到正电荷，且一次转移的电荷量平均为 10^{-14} C(Hallet et al.，1974，1979)。

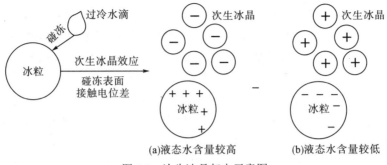

图 4.8　次生冰晶起电示意图

4.2　冷云的电荷结构及其演变过程

对于不同地区、不同季节，冷云的电荷结构会有所差异，不同的天气条件下冷云的电荷结构也不一样，在同一天气过程如雷暴发展的不同阶段，由于气象要素、环境变量等条件的变化，冷云中电荷的空间分布也会发生变化，本节首先介绍冷云中不同的电荷结构类型，然后对其电荷结构的演变进行讨论，对流云中的冷云，尤其是其发展为积雨云(雷暴云)后通常具有强烈的电活动，造成的自然灾害最为严重，因而本节着重于该类冷云，讨论其电荷结构及演变。

4.2.1　冷云的电荷结构

目前，通常有三种方式来获知云内的电荷结构：一是云内电场探空；二是利用闪电电场变化的地面多站同步观测，通过拟合闪电放电中和电荷源的位置和电荷量来反演参与放电的云内电荷分布；三是利用高时空分辨率的闪电甚高频辐射源定位来推断参与闪电放电的云内电荷源位置(郄秀书等，2013)。以往大多研究均表明冷云的电荷结构呈上正下负偶极性分布或者三极性结构分布，早在1916年，Wilson提出雷暴云内的电荷结构可用垂直的偶极性电荷结构表示[上正下负，如图4.9(a)]，一般来说冷云中−25~−60℃区域为正电荷区，−10~−25℃区域为负电荷区，Carey等(2005)对中尺度对流系统的研究表明冷云电荷结构呈偶极性，上部正电荷区位于−35℃区域，负电荷区位于−17℃区域；Simpson等(1937，1941)利用电场探空提出了雷暴云电荷呈三极性分布的物理模型[图4.9(b)]，即在0℃层附近还有一个次正电荷中心，由图4.10可见，美国佛罗里达、新墨西哥州的夏季雷暴和日本的冬季雷暴0℃层以上的电荷结构十分相似，均呈现三极性结构，0℃层附近有少量正电荷(次正电荷中心)，在0℃层以上负电荷大部分集中在−10~−20℃，正电荷中心位置在−20℃以上，图中最右为我国内陆高原常见的冷云电荷结构分布示意图，与典型三极性电荷结构不同，其底部存在较大的正电荷区。我国许多学者均研究发现高原冷云底部大正电荷区的存在，如赵中阔等(2009)在甘肃平凉的电场探空实验结果表明冷云存在三个电荷区，即三极性电荷结构，上部正电荷区对应温度范围为−11~−14℃，中部负电荷区对应−3~−10℃，下部正电荷区处于3~−2℃，其中0℃层以下的正电荷区由荷正电的软雹构成，如图4.11所示，后文会单独介绍我国内陆高原冷云中特殊的电荷结构分布。

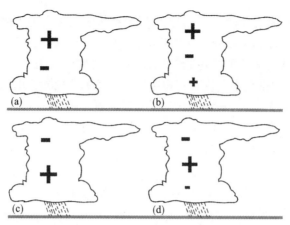

图 4.9　不同电荷结构概念图 (Kuhlman et al.，2006)

(a) 偶极性分布；(b) 三极性分布；(c) 反极性分布；(d) 反三极性分布

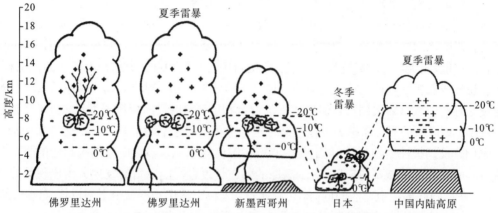

图 4.10　佛罗里达州、新墨西哥州夏季雷暴、日本冬季雷暴电荷结构

(Krehbiel et al.，1983) 及中国内陆高原雷暴结构示意图

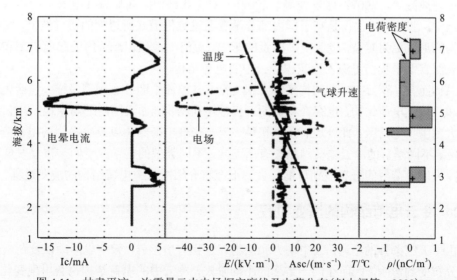

图 4.11　甘肃平凉一次雷暴云内电场探空廓线及电荷分布 (赵中阔等，2009)

随着大气电学的深入研究,许多学者的研究结果表明冷云内电荷结构不仅仅只是偶极性分布或者三极性分布,Krehbiel 等(1983)利用闪电甚高频辐射源时空分布三维观测资料发现有时冷云中会出现反极性的电荷结构[也称反偶极性,如图 4.9(c)所示],其上部正电荷区变为负电荷区,中部负电荷区为正电荷区。张义军等(2002)也指出对于某些雷暴云或者雷暴发展的某些阶段,冷云电荷结构呈反极性特征。此外,冷云电荷结构还会呈现反三极性[图 4.9(d)]甚至更多层正负极性电荷层相互交替的特征,如 Stolzenburg 等(1998)通过电场探空资料分析雷暴对流区电荷结构,结果显示上升气流区的冷云电荷结构呈四极性分布,底部为正电荷区,向上极性依次相反,而上升气流的外围区域更为复杂,冷云中出现五个电荷区,底部 0℃层附近为负电荷区,向上极性依次相反。

不同地区、不同季节的冷云电荷结构也会有所差异,对于我国来说,南方地区常出现偶极性电荷结构,北方地区常为三极性电荷结构,如图 4.11 所示,我国内陆高原地区冷云电荷结构大多呈独特的三极性,其下部正电荷区相比低海拔地区的三极性电荷结构大得多,青海高原地区也常出现反极性电荷结构(郭凤霞等,2003)。许多学者研究认为冷云电荷结构的地域性差异是由于不同地区的层结条件不同,以及地面的扰动强度、反转温度等因素会影响冷云中的非感应起电过程。例如,通常我国南方地区层结很不稳定,CAPE(对流有效位能)较大,云顶高度高,主正、负电荷中心高度抬升,上部正电荷区的范围较大,因而易形成偶极性电荷结构;高原地区层结不稳定度较小,对流较弱,高原的云底相对高度较低有利于水汽输送到反转温度层下的混合相区域,促进冰相粒子生长,由于非感应起电机制,该区域的霰、冰雹等大粒子荷正电,荷负电的冰晶随上升气流到达冷云中部,易形成(准)反偶极性结构(正、负电荷中心所在温度区域与偶极性电荷结构相应的负、正电荷中心所在温度区域不对应)。对于高原的强雷暴过程,随着雷暴发展云内出现强烈上升气流,在增强底部正电荷区的同时,可将水汽、大粒子输送到冷云中上部以增强起电活动,冷云反转温度层之上的霰粒荷负电加强中部主负电荷区,荷正电的冰晶由于强烈上升气流到达冷云上部形成正电荷区,形成具有大范围底部正电荷区的三极性电荷结构(郄秀书等,2005;郭凤霞等,2007;张廷龙等,2009)。对于我国内陆高原特殊电荷结构的成因仍在研究当中,上述讨论也仅是基于国内部分学者通过数值模式所得到的研究结果,实际上电荷结构的形成更为复杂,受到更多因素的影响,更清晰地认识冷云内的起电机制和真实的云内观测有助于我们更深入地认识冷云中的电荷结构。

总体而言,冷云中电荷结构实际上很复杂,其电荷空间分布类型多样,包括典型的偶极性和三极性电荷结构,也存在特殊的三极性电荷结构,如我国内陆高原地区冷云底部常出现大范围正电荷区,此外还有反偶极性、反三极性电荷结构以及更多层的电荷分布,不同地区、不同季节的冷云电荷结构会有所差异,不同类型的雷暴或者同一雷暴发展不同阶段的冷云的电荷空间分布差别可能很大。下面将介绍冷云中电荷结构的演变过程。

4.2.2 冷云电荷结构的演变过程`

由于天气条件的不同,云中动力和微物理过程有所差异,云中电活动以及荷电粒子的空间分布受到影响,因而在同一雷暴的不同阶段,冷云中的电荷结构也会出现变化,冷云中对流区、层状区的电荷结构也会存在差异。目前，许多利用闪电辐射源观测资料开展的研究均表明冷云的电荷结构通常初始呈偶极分布或者反偶极分布，随着雷暴的发展变为三极性、反三极性结构，如 Wiens 等(2005)利用闪电映射阵列[lightning mapping array，LMA，利用 GPS 系统和时差定位技术发展的雷电甚高频(very high frequency，VHF)辐射源定位系统]研究了一次强雷暴过程的电荷结构，结果显示冷云的电荷结构随着雷暴的发展会发生明显的变化，由初始的反偶极性分布到最后主要呈反三极性电荷分布，其电荷结构变化明显受上升气流及云内切变气流的影响。此次强雷暴上升气流主要在云体左侧，初始阶段云体范围较小，云顶高度低，在上升气流的作用下霰粒与冰晶在冷云中下部碰撞分离，上部未形成电荷区，呈反偶极性电荷结构，负电荷区稍低于-10℃层，冷云底部正电荷区很小，更多荷正电的大粒子处于 0℃ 层以下(如湿软雹)，上升气流进一步加强后云内水汽含量也更充足，云体范围更大，云顶发展更高，处于上升气流区域的霰粒、冰晶在冷云云体左上部碰撞分离，电荷空间分布仍呈反偶极性，在上升气流右侧区域即冷云主体部分由于云内气流、重力影响形成反三极性结构。李亚珺等(2012)通过对闪电放电辐射源三维时空分布测量，讨论了山东地区一次具有多单体雷暴过程的电荷结构演变，结果表明在雷暴的发展和成熟阶段，冷云区域电荷结构呈偶极分布，雷暴消散阶段由于云体断裂，整体雷暴结构呈现四层电荷结构，冷云呈三极性电荷结构分布，其电荷结构的变化主要考虑为原本的偶极性电荷结构在消散阶段断裂形成两个偶极性电荷结构，云体出现倾斜，在冷云区域电荷结构呈三极性分布。郑栋等(2008)研究分析了北京地区一次冰雹天气的电荷结构，如图 4.12 所示，在降雹阶段，冷云电荷结构呈反极性分布(上负下正)，他们认为正电荷区的下部可能短暂存在一个较弱的负电荷区，在冰雹发生后不久该电荷区可能消失或者不再参与放电，冰雹结束后，冷云电荷结构表现为三极性(-10℃的主负电荷区下存在小正电荷区)，此后由于气流的影响冷云电荷结构为倾斜的三极性。在图 4.12 中的降雹阶段云内有强烈的上升气流，冰相粒子和云中过冷水碰并增加，霰、雹快速生长，云内液态水被大量消耗，由非感应起电机制可知反转温度层以下的区域，液态水含量较低时霰、雹与冰晶碰撞后荷正电，荷负电的冰晶随上升气流到达冷云上部，形成反极性电荷结构，降雹结束后上升气流减弱，冰相粒子相对减少，同时由于之前的降水使低层水汽充足，上升气流携带水汽到冷云中，云内液态水含量适中，反转高度以上区域霰荷负电、冰晶荷正电，反转高度以下的区域冰晶荷负电、霰荷正电，在上升气流和重力分离作用下形成三极性电荷结构。

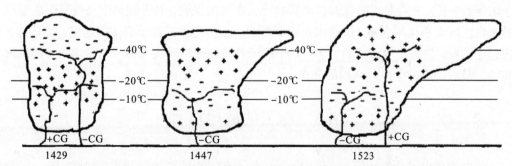

图 4.12　冰雹不同阶段的电荷结构示意图：1429(降雹过程)，1447(降雹结束后的极性调整过程)，
1523(极性调整后的闪电活动活跃阶段)(郑栋等，2008)

此外,近年将非感应起电参数化方案引入雷暴云起电模式对雷暴起电特征和微物理过程进行的研究工作很多,大量研究表明冷云电荷结构演变特征与上述使用闪电辐射源观测资料研究所得的结果基本一致,如 Mansell 等(2005)利用 S91 方案模拟所得的结果显示初始阶段的冷云电荷分布呈反极性,且持续时间较短,随后呈偶极结构或者三极性结构。郭凤霞等(2010)在三维强风暴动力-电耦合数值模式中分别引入了两种基于不同实验室结果的非感应起电参数化方案,即 S91 和 S98,S91 方案的模拟结果显示 30min 时冷云电荷结构为典型的偶极性,第 33min 时冷云中电荷结构与三极性结构接近,S98 方案的模拟结果显示 30min 和 33min 时冷云电荷结构均呈上负下正的反偶极性。王昊亮等(2013)改进了 Mansell 提出的放电参数化方案并将其耦合到三维强风暴动力-电耦合模式中对 Weisman 理想探空个例进行模拟,结果显示初始阶段冷云呈反偶极性电荷结构(此时冷云上部的冰相粒子较少,未形成电荷区),随着强烈的上升气流,霰、冰晶及水汽被带到冷云上部,冷云的上部区域形成了正电荷区,最终形成三极性的电荷结构(成熟阶段、消散阶段)。

大气层结条件、对流有效位能以及下垫面特征(包括地面温度扰动、地形等环境因素)与冷云的发展密切相关。冷云中的电活动又受发展过程中各气象要素、环境条件等因素的影响,例如强上升气流通常使得冷云的云顶高度更高,冰相粒子也可到达更高、温度更低的区域产生起电活动,冷云上部更易形成电荷区,而对流较弱的时候反转高度以上的起电区域减小,同时起电活动相对没那么强烈,不利于形成三极性的电荷结构。此外,也受限于云中微物理条件,云中不同区域的云水含量存在差别,粒子的荷电极性也会发生变化,在云体不同区域各水成物粒子分布也存在不均匀性,因而电荷的空间分布也会出现差异,不同情况下冷云电荷结构的变化及其形成机制不尽相同,一次或者几次过程中冷云的电荷结构演变并不能作为代表,具有个别性及局地性,但其发生变化的根本在于云内冰相粒子荷电极性及其空间分布受动力过程、微物理过程影响发生变化。

总的来说,无论是利用观测资料还是模式模拟开展的研究工作,其结果大多表明冷云中初始通常为两个电荷区,呈偶极分布或者反偶极分布,但随着雷暴发展其电荷结构变化很复杂,可能仍为两个电荷区呈偶极或者反偶极分布,可能形成三个电荷区的分布结构,包括三极性、反三极性,也会出现更多层,如四极性电荷分布结构(Ding et al.,2016)。电荷结构的演变与雷暴发展不同阶段的动力、微物理过程等因素相关,尤其与云内的液态水(水汽)含量和上升气流的强弱关系密切。液态水含量与上升气流直接影响冷云中冰相粒子浓度、生长,云内对流的强弱也会影响冷云本身的发展,其云顶高度与反转温度层以上的起电区域大小也相联系。这些因素均会影响冷云中与冰相粒子有关的起电,尤其是非感应起电过程,包括起电活动的强弱,冰相粒子的荷电极性以及大小荷电冰相粒子的空间分布等,最后影响云中电荷结构的分布。

4.3 冷云的放电过程

云中的放电可分为云闪、云地闪。云闪即不与大地或者地物发生接触的闪电;云地闪是指云内荷电中心与大地、地物之间的放电过程。对冷云放电的研究主要有观测资料分析与数值模式模拟两类方法。

云闪放电过程主要由初始流光过程和反冲流光过程构成,初始流光存在正电荷区向下部负电荷区发展形成的正流光,也包括由下部负电荷区向上部正电荷区发展的负初始流光过程,通常电荷中心区域局部电场达10^4 V/cm 时,便会击穿空气产生流光,当两个参与放电的电荷区相连接,便会出现反冲流光——强放电过程。许多观测研究表明冷云内云闪放电过程起始于云中的主负电荷区,向其上部的正电荷区发展(Smith,1957;Nakono,1979;Shao and krehbiel,1996;董万胜等,2003),负的云地闪放电通常始于冷云中主负电荷区然后向地面发展,这种放电特征其实与冷云中的偶极性电荷分布结构有很好的相关性。但是也有学者提出不同观点,如 Ogawa 与 Brook(1964)研究认为云闪放电过程的初始阶段表现为冷云上部的正电荷区向其下部的主负电荷区发展,激发向上发展的负极性反冲流光;Weber 等(1982)则指出云闪放电可以起始于冷云上部正电荷区向主负电荷区发展的正击穿,也可起始于其主负电荷区向上发展形成的负击穿。

对于电荷呈经典三极性结构分布的冷云,其底部的正电荷区也会参与放电过程。张义军等(2002)的研究表明,冷云中放电不仅发生在上部正电荷区与主负电荷区之间,也会在主负电荷区与下部的正电荷区之间发生(反极性放电,发生在上负下正电荷区之间的放电),对于反极性结构的冷云也会出现反极性放电,放电从上部的负电荷区向正电荷区发展;同时,他们指出反极性电荷结构的冷云内放电起始于负电荷区,以 10^5m/s 的速度向下传输到正电荷区后水平发展,负电荷被输送到正电荷区。图 4.13 所示为 LMA 闪电观测系统探测到的云内正极性放电和反极性放电,+、-符号所示区域分别为参与放电的正、负电荷区。

冷云中含有冰相粒子,大气电场达到10^4 V/cm 时,冰相粒子的棱角处出现局部强电场(液态水滴也可因电场作用极化变形——拉长或破碎,其伸长的两端也可产生电晕放电),产生电晕放电(流光),并击穿空气,即预击穿过程,也称初始击穿,能触发下行发展的梯级先导。目前,研究证实预击穿过程起始于一点,然后先后向相反方向击穿发展。例如,三极性电荷结构中,正、负先导起始于同一点,先后向中部负电荷区和下部正电荷区发展;初始击穿后期便会形成梯级先导向下发展,以负的云地闪为例,通常在云内主负电荷区下部存在小正电荷区,其诱导云中负电荷向下运动,最终形成梯级先导向地面发展。梯级先导传播速度大约为10^5m/s,其通道内储存了大量负电荷,其接近地面时由于强电场作用,地面尖端物体会产生向上的连接先导,两个先导连接后便会产生瞬时强烈放电,即为首次回击,通常一次负地闪过程会出现 3~5 次回击。云中电荷结构的不同会明显影响云地闪的发生,如 Zheng 等(2010)通过对一次强雷暴的观测发现冷云中对流区的电荷结构呈三极性分布,负极性云地闪发生较多,而层状区域电荷呈偶极性分布,发生的正地闪较多,如图 4.14 所示;张义军等(2014)发现具有反三极性电荷分布的冷云通常发生较多正地闪,地闪主要从冷云中部的正电荷区始发。对于云地闪的发生,有研究表明在云中主负电荷区下部存在次正电荷区有利于负地闪发生,反之若正电荷区下部存在负电荷区则有利于正地闪的发生(Carey and Rutledge,1998;Wiens et al.,2005;Tessendorf et al.,2007)。可见底部相反极性电荷区的存在有利于产生足够强的电场,从而形成预击穿过程,为地闪发生提供有利条件。对于日本冬季雷暴常发生正地闪,有学者认为正地闪的发生与其倾斜的电荷结构有关(图 4.10),其上部正电荷区暴露,下部负电荷区的屏蔽作用减小,更易与地面发生放电。

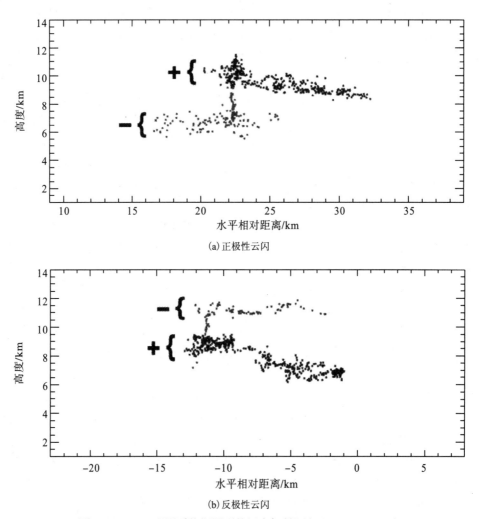

(a) 正极性云闪

(b) 反极性云闪

图 4.13 LMA 观测系统探测到的闪电辐射源(Rust et al., 2005)

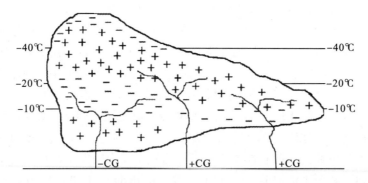

图 4.14 一次雷暴中的电荷结构及发生的云地闪示意图(Zheng et al., 2010)

　　本章 4.2 节已经提到在我国高原地区冷云中电荷常出现三极性分布结构，其与经典三极性电荷分布不同，冷云底部常会出现大范围的正电荷中心(Qie et al.，2005，2009；赵中阔等，2009)。许多学者研究发现，在我国高原地区，云闪放电主要在冷云中主负电荷区和底部正电荷区之间发生，如孔祥贞等(2006)利用青藏高原那曲地区观测到的地闪资料对一次地闪回击及其之前的持续时间较长的云内放电过程进行了分析，认为地闪先导前的云内放电过程发生于冷云下部正电荷区和中部负电荷区之间，闪电的起始放电发生区域处于冷云底部，在 0℃温度层附近或者稍高于 0℃温度层，其底部的正电荷区对地闪的发生有重要作用；Qie 等(2000)和佘会莲等(2007)也得到了类似结论；Pawar 与 Kamra(2004)的研究结果也表明对于三极性电荷结构的冷云，其底部的正电荷区对闪电的始发具有重要作用。此外，底部电荷区的量级还会对冷云中负地闪和云闪的发生产生影响，有研究表明冷云底部的大正电荷区会抑制负地闪，促进反极性云闪的发生(Qie et al.，2005；Nag and Rakov，2009)。

　　除了观测资料的研究分析外，数值模拟研究也是研究冷云放电过程的一个重要工具，目前相关研究工作已经做了很多，大多模式研究结果与观测分析结果有很好的一致性。对于电荷呈三极性分布的冷云，许多研究结果也表明其放电过程会发生在中部的主负电荷区和下部正电荷区之间，以及上部的正电荷区和中部负电荷区之间。如张义军等(1999)利用二维时变动力和电模式对雷暴的放电过程进行了数值计算，发现冷云放电过程始发位置集中在-10℃和-25℃高度上，冷云为三极性电荷结构，90%的放电发生在冷云中的负电荷区与下部的正电荷区(由上至下)；其余放电发生在上部正电荷区与中部负电荷区之间(由下至上)，王昊亮等(2013)使用三维强风暴动力——电耦合模式中对 Weisman 理想探空个例进行模拟，结果表明冷云内放电不仅存在于上部正电荷区和中部负电荷区之间，中部负电荷区和下部正电荷区之间也存在放电，其中一部分为反极性放电，一部分为负地闪。对于呈反极性电荷结构的冷云，有研究结果表明闪电发生点位于上部负电荷和中部正电荷之间，发生的云闪为反极性云闪(孙京等，2017)。对于云地闪，Mansell 等(2002，2005)的研究也表明负地闪的发生需要负电荷区下部存在一个正电荷区，正地闪也是在正电荷区下部存在负电荷区的情况下发生的。Mansell 等(2010)模拟研究认为云中下部两个电荷区的局部电势不平衡是地闪发生的主要条件，例如对负地闪来说，当主负电荷区与下部正电荷区电荷密度不同，存在电势不平衡，起始点与地面之间电势差足够大时，负先导通道更容易发展到地面，若下部两个电荷区相当，会更容易发生云闪。

　　冷云的放电与其电荷结构关系密切，对于电荷结构呈偶极性分布的冷云来说，更多学者认同其放电起始于主负电荷区向上部正电荷区发展；电荷结构呈反极性的冷云会出现反极性放电，即由上部的负电荷区向下部正电荷区发展；电荷结构呈经典三极性分布的冷云放电不仅发生在上部正电荷区与主负电荷区之间，也会在主负电荷区与下部的正电荷区之间发生；针对我国内陆高原特殊电荷结构的冷云来说，其底部的大正电荷区域会抑制负地闪的发生，促进反极性云闪的发生，冷云中的放电主要发生在主负电荷区和底部正电荷区之间。冷云对地的放电与电荷的空间分布关系同样密切，负地闪通常发生于主负电荷区下部存在次正电荷区的情况，而正地闪的发生需要下部负电荷区的存在，当放电起始点与地面电势差足够大时便会发生云地闪。

4.4　影响冷云中电活动的主要因素

　　冷云中的电活动〔包括起电、放电(闪电活动)过程及电荷结构的形成和演变〕受到各种因素的影响。首先，冷云的发展及其电活动与不同的天气条件密切相关，不同的天气条件具备的气象要素、环境参量均不同，前面讨论冷云起电和电荷结构时已经提出了一些相关影响因子，例如在4.1.5节中已经提到冷云非感应起电过程的重要性以及云中液态水含量对非感应起电过程的影响，也介绍了一些相关的实验室和模式模拟研究结果。此外，还有许多研究均表明水汽条件是影响冷云中电活动的主要因素之一，充足的水汽有利于冷云中冰相粒子生长，从而影响冷云中的起电过程。如郑栋等(2007)利用一个二维面对称雷暴云起电、放电模式，计算并讨论了不同层结条件下雷暴中动力、微物理过程对其起电、放电活动的影响，其结果表明较强的上升速度和充足的水汽有利于冷云中冰相物的产生及持续生成，而冰相物对冷云中的起电、放电活动有直接影响；高维琦等(2017)也指出大气中低层湿度增加对冷云中电活动有增强作用。许多学者研究发现强上升气流与冷云内旺盛的电活动关系密切，如言穆弘等(1996)指出云中起电明显依赖于上升气流，并且强起电在上升气流中心超过-20℃温度层后才会产生；王芳等(2008)对吉林一次雷暴云个例模拟分析发现上升气流穿过-10～-15℃温度层时云中电活动较剧烈。同时，有研究表明强上升气流会对冷云中反极性电荷结构形成有促进作用。郑栋等(2008)在分析冰雹天气过程的电荷结构演变时指出强烈上升气流使得冰相粒子和液态水的碰并增加，霰、雹均快速增长并消耗过冷水，因而低于反转温度的区域冰晶荷负电，霰雹荷正电，在上升气流的作用下电荷呈反极性结构；孙京等(2017)也得到类似结论，认为上升气流将水汽向上输送，同时将冰晶和霰粒带入冷云上部，从而冰相粒子增多、生长，在非感应起电机制和重力作用下形成反极性电荷结构。

　　此外，气溶胶也是影响冷云电活动的重要因素，近年由于人类活动等因素产生的人为气溶胶浓度日益增加，许多学者通过观测资料研究发现气溶胶浓度增加，闪电活动增强(Williams et al.，2002；Naccarato et al.，2003；Kar et al.，2009；Wang et al.，2011；Yuan et al.，2011)，气溶胶也被认为是造成海洋上和陆地上闪电活动差异的因素之一，但是由于观测手段的限制，目前更多相关研究工作是通过模式进行的。在冷云的发展过程中，气溶胶作为云凝结核和冰核对云微物理过程有重要影响，通常气溶胶浓度增加会导致云滴数浓度增加，云滴尺度减小，因而降低了云滴碰并效率，更难形成雨滴，上升气流将大量云滴带入冻结层，冷云中形成更多的冰相粒子，使得冷云起电活动更强。现今大量数值模式研究结果均表明较高的气溶胶浓度使冷云中电活动明显增强，如 Mansell 与 Ziegler(2013)通过云微物理模型模拟了气溶胶对雷暴起电的影响，结果表明在较高的 CCN 浓度($1500cm^{-3}$)时，冷云中明显出现更强的起电活动，并且起电更早，其电荷结构呈三极性分布。Zhao 等(2015)在中尺度模式 WRF(weather research and forecasting，天气研究和预报)中加入了起电、放电过程，耦合了气溶胶活化方案及非感应起电参数化方案，通过敏感性试验研究了气溶胶作为云凝结核对雷暴云电活动强度和电荷结构的影响，其结果表明气溶胶对冷云的起电强度影响显著,污染个例雪粒子和霰粒子增长率较大,形成的冰相粒子较多,使得冷云中非感应起电过程增强,其起电强度明显强于清洁个例。此外,污染个例中电荷结构也不同于清洁个例始终呈偶极性分布,而是随着雷暴发展在正电荷中心上部出现新的负电荷区。师正等(2015)利用二维耦合气溶胶模块的雷暴云起电模式进行了雷暴云起电模拟实验,结果表明气溶胶浓度从 $50cm^{-3}$ 增加至 $1000cm^{-3}$ 时,云滴、冰晶、霰浓度均增加,冷云起电活动变强,云内电荷量增加。值得注意的是,气溶胶对冷云中电活动的影响也受水汽含量的限制,水汽含量较低时,气溶胶浓度也会增加,引起云滴浓度增加幅度减小,从而对雨滴浓度的影响也减小,冷云内冰相粒子不再明显增加,因此水汽含量较低时,气溶胶对冷云电活动的影响也受到抑制(赵鹏国,2015)。此外,也有研究表明气溶胶对冷云中的电活动具有减弱作用,如 Fan 等(2008)指出大量的气溶胶可阻止太阳辐射到达地面,减弱地面加热过程,对流活动减弱,因而大气更稳定,使得冷云中电活动变弱。

冷云的电活动与其动力、微物理过程息息相关,影响因素很复杂,上升气流、水汽条件以及气溶胶仅是其中一部分。更宏观地说,冷云内所处地区的下垫面条件[包括地形、地面温湿条件,以及大气层结条件、对流有效位能(CAPE)等因素]均会影响云中的动力、微物理过程,也会影响冷云的发展,从而影响其起电、电荷结构空间分布以及放电。例如,郭凤霞等(2004)利用模式讨论了对流有效位能和中层平均相对湿度对冷云中电荷结构的影响,发现 CAPE 较小时,起电区域主要存在于反转温度层以下,因而易形成反极性电荷结构,中层平均相对湿度的增加对电荷结构影响不明显;CAPE 较大时,较小的中层平均相对湿度也可引起较强的起电活动形成偶极性电荷结构。城市下垫面的热岛效应形成的辐合抬升作用,使城市与郊区热力差异增强扰动位温,提供有利的不稳定层结条件(徐蓉等,2013)。陈双等(2011)对复杂地形下雷暴个例的观测研究发现,该个例中地形强迫作用使得对流增强,该雷暴前方的动力和热力不稳定增加,这些动力过程及环境参量的变化均会对冷云中的电活动造成影响。

总而言之,不同天气条件下冷云中电活动强弱有明显差别,影响冷云中电活动的因素包括云中的水汽含量、上升气流、大气环境温湿条件、大气层结不稳定、对流有效位能以及气溶胶浓度、下垫面特征等,这些因素对冷云中的动力过程及微物理过程产生影响,从而影响云中冰相粒子的生长、浓度以及空间分布,影响冰相粒子中的起电活动,尤其是占主要贡献的非感应起电过程,从而对云中电荷结构以及放电产生影响。

参 考 文 献

陈双, 王迎春, 张文龙, 等. 2011. 复杂地形下雷暴增强过程的个例研究. 气象, 37(7): 802-813.

陈渭民. 2003. 雷电学原理. 北京: 气象出版社.

董万胜, 刘欣生, 张义军, 等. 2003. 云闪放电通道发展及其辐射特征. 高原气象, 22(3): 221-225.

高维琦, 寇正, 韩月琪, 等. 2017. 温湿层结对雷暴云起电过程及闪电活动的影响. 解放军理工大学学报(自然科学版), 18(2): 123-130.

郭凤霞, 张义军, 郄秀书, 等. 2003. 雷暴云不同空间电荷结构数值模拟研究. 高原气象, 22(3): 268-274.

郭凤霞, 张义军, 言穆弘, 等. 2004. 环境温湿层结对雷暴云空间电荷结构的影响. 高原气象, 23(5): 678-683.

郭凤霞, 张义军, 言穆弘. 2007. 青藏高原那曲地区雷暴云电荷结构特征数值模拟研究. 大气科学, 31(1): 28-36.

郭凤霞, 张义军, 言穆弘. 2010. 雷暴云首次放电前两种非感应起电参数化方案的比较. 大气科学, 34(2): 361-373.

孔祥贞, 郄秀书, 赵阳, 等. 2006. 青藏高原一次地闪放电过程的分析. 地球物理学报, 49(4): 993-1000.

李亚珺, 张广庶, 文军, 等. 2012. 沿海地区一次多单体雷暴电荷结构时空演变. 地球物理学报, 55(10): 3203-3212.

郄秀书, 张其林, 袁铁. 2013. 雷电物理学. 北京: 科学出版社.

郄秀书, 张义军, 张其林, 等. 2005. 闪电放电特征和雷暴电荷结构研究. 气象学报, 63(5): 646-658.

佘会莲, 董万胜. 2007. 青藏高原云闪起始阶段放电特征分析. 高原气象, 26(1): 55-61.

师正, 谭涌波, 唐慧强, 等. 2015. 气溶胶对雷暴云起电以及闪电发生率影响的数值模拟. 大气科学, 39(5): 941-952.

孙京, 柴健, 冷亮, 等. 2017. 湖北地区一次雷暴云电荷结构和放电特征的数值模拟研究. 沙漠与绿洲气象, 11(6): 52-60.

孙京, 郭凤霞. 2015. 云水饱和度对雷暴云非感应起电过程的影响. 大气科学学报, 38(4): 502-509.

王芳, 肖稳安, 雷恒池, 等. 2009. 吉林地区一次雷暴云个例电和云微物理特征的模拟分析. 高原气象, V28(2): 385-394.

王昊亮, 郭凤霞, 孙京. 2013. 雷暴云内放电过程的三维数值模拟研究. S11 防雷减灾论坛.

徐蓉, 苗峻峰, 谈哲敏. 2013. 南京地区城市下垫面特征对雷暴过程影响的数值模拟. 大气科学, 37(6): 1235-1246.

言穆弘, 刘欣生. 1996. 雷暴非感应起电机制的模拟研究: I.云内因子影响. 高原气象, 15(4): 425-437.

张廷龙, 郄秀书, 言穆弘, 等. 2009. 中国内陆高原不同海拔地区雷暴电学特征成因的初步分析. 高原气象, 28(5): 1006-1017.

张义军, 刘欣生, Krehbiel P R. 2002. 雷暴中的反极性放电和电荷结构. 科学通报, 47(15): 1192-1195.

张义军, 徐良韬, 郑栋, 等. 2014. 强风暴中反极性电荷结构研究进展. 应用气象学报, 25(5): 513-526.

张义军, 言穆弘, 刘欣生. 1999. 雷暴中放电过程的模式研究. 科学通报, 44(12): 1322-1325.

赵鹏国. 2015. 气溶胶对雷暴云电活动影响的模拟研究. 南京: 南京信息工程大学.

赵中阔, 郄秀书, 张廷龙, 等. 2009. 一次单体雷暴云的穿云电场探测及云内电荷结构. 科学通报, 54(22): 3532-3536.

郑栋, 张义军, 马明, 等. 2007. 大气环境层结对闪电活动影响的模拟研究. 气象学报, 65(4): 622-632.

郑栋, 张义军, 孟青, 等. 2008. 冰雹过程的电荷结构演变. 中国国际防雷论坛.

周志敏, 郭学良. 2009. 强雷暴云中电荷多层分布与形成过程的三维数值模拟研究. 大气科学, 33(3): 600-620.

Baker B, Baker M B, Jayaratne E R, et al. 1987. The influence of diffusional growth rates on the charge transfer accompanying rebounding collisions between ice crystals and soft hailstones. Quarterly Journal of the Royal Meteorological Society, 113(478): 1193-1215.

Baker M B, Dash J G. 1989. Charge transfer in thunderstorms and the surface melting of ice. Journal of Crystal Growth, 97(3-4): 770-776.

Baker M B, Dash J G. 1994. Mechanism of charge transfer between colliding ice particles in thunderstorms. Journal of Geophysical Research Atmospheres, 99(D5): 10621-10626.

Brooks I M, Saunders C P R. 1994. An experimental investigation of the inductive mechanism of thunderstorm electrification. Journal of Geophysical Research Atmospheres, 99(D5): 10627-10632.

Carey L D, Murphy M J, Mccormick T L, et al. 2005. Lightning location relative to storm structure in a leading-line, trailing-stratiform mesoscale convective system. Journal of Geophysical Research Atmospheres, 110(D3): 1-23.

Carey L D, Rutledge S A. 1998. Electrical and multiparameter radar observations of a severe hailstorm. Journal of Geophysical Research Atmospheres, 103(D12): 13979-14000.

Ding P F, Kou Z, Han Y Q, et al. 2016. The temporal evolution of charge structure in a simulated thunderstorm. Environmental Electromagnetics IEEE, 2016: 372-375.

Emersic C, Saunders C P R. 2010. Further laboratory investigations into the relative diffusional growth rate theory of thunderstorm electrification. Atmospheric Research, 98 (2-4): 327-340.

Fan J, Zhang R, Tao W K, et al. 2008. Effects of aerosol optical properties on deep convective clouds and radiative forcing. Journal of Geophysical Research Atmospheres, 113 (D8): 1-16.

Frenkel J. 1944. A theory of the fundamental phenomena of atmospheric electricity. Journal of Physics, 8: 285.

Gaskell W, Illingworth A J. 1980. Charge transfer accompanying individual collisions between ice particles and its role in thunderstorm electrification. Quarterly Journal of the Royal Meteorological Society, 106 (450): 841-854.

Gunn R. 1954. Electric-field regeneration in thunderstorms. Journal of the Atmospheric Sciences, 11 (2): 130-138.

Hallet J, Mossop S C. 1974. Production of secondary ice particles during riming process. Nature, 247: 711-713.

Hallet J, Saunders C P R. 1979. Charge separation associated with secondary ice crystal production. Journal of the Atmospheric Sciences, 36 (36): 2230-2235.

Illingworth A J, Caranti J M. 1985. Ice conductivity restraints on the inductive theory of thunderstorm electrification. Journal of Geophysical Research Atmospheres, 90 (D4): 6033-6039.

Jayaratne E R, Saunders C P R, Hallett J. 1983. Laboratory studies of the charging of soft‐hail during ice crystal interactions. Quarterly Journal of the Royal Meteorological Society, 109 (461): 609-630.

Kar S K, Liou Y A, Ha K J. 2009. Aerosol effects on the enhancement of cloud-to-ground lightning over major urban areas of South Korea. Atmospheric Research, 92 (1): 80-87.

Keith W D, Saunders C P R. 1990. Further laboratory studies of the charging of graupel during ice crystal interactions. Atmospheric Research, 25 (5): 445-464.

Krehbiel P R, Brook M, Lhermitte R L, et al. 1983. Lightning Charge Structure in Thunderstorms. Proc Atmos Electr, Deepak Hampton, Virginia: 408-411.

Krehbiel P R, Thomas R J, Rison W, et al. 2000. Lightning mapping observations in central Oklahoma. Eos, 81: 21-25.

Kuhlman K M, Ziegler C L, Mansell E R, et al. 2006. Numerically simulated electrification and lightning of the 29 June 2000 STEPS supercell storm. Monthly Weather Review, 134 (10): 85-121.

Mansell E R, Macgorman D R, Ziegler C L, et al. 2002. Simulated three‐dimensional branched lightning in a numerical thunderstorm model. Journal of Geophysical Research Atmospheres, 107 (D9): ACL 2-1-ACL 2-12.

Mansell E R, Macgorman D R, Ziegler C L, et al. 2005. Charge structure and lightning sensitivity in a simulated multicell thunderstorm. Journal of Geophysical Research Atmospheres, 110 (D12): 1-24.

Mansell E R, Ziegler C L, Bruning E C. 2010. Simulated electrification of a small thunderstorm with two-moment bulk microphysics. Journal of the Atmospheric Sciences, 67 (1): 171.

Mansell E R, Ziegler C L. 2013. Aerosol effects on simulated storm electrification and precipitation in a two-moment bulk microphysics model. Journals of the Atmospheric Sciences, 70 (7): 2032-2050.

Marshall B J P, Latham J, Saunders C P R. 1978. A laboratory study of charge transfer accompanying the collision of ice crystals with a simulated hailstone. Quarterly Journal of the Royal Meteorological Society, 104 (439): 163-178.

Muller-hillebrand D. 1954. Charge generation in thunderstorms by collision of ice crystals with graupel, falling through a vertical electric field. Tellus, 6 (4): 367-381.

Naccarato K P, Jr O P, Pinto I R C A. 2003. Evidence of thermal and aerosol effects on the cloud-to-ground lightning density and polarity over large urban areas of Southeastern Brazil. Geophysical Research Letters, 30(13): 7.

Nag A, Rakov V A. 2009. Some inferences on the role of lower positive charge region in facilitating different types of lightning. Geophys.res.lett, 36(5): 126-127.

Nakano M. 1979. Initial streamer of the cloud discharge in winter thunderstorms of the Hokuriku coast. Journal of the Meteorological Society of Japan, 57(5): 452-458.

Nakano M. 2007. The cloud discharge in winter thunderstorms of the Hokuriku coast. Journal of the Meteorological Society of Japan, 57(5): 444-445.

Ogawa T, Brook M. 1964. The mechanism of the intracloud lightning discharge. Journal of Geophysical Research, 69(24): 5141-5150.

Pawar S D, Kamra A K. 2004. Evolution of lightning and the possible initiation/triggering of lightning discharges by the lower positive charge center in an isolated thundercloud in the tropics. Journal of Geophysical Research Atmospheres, 109(D2): 1-12.

Qie X, Yu Y, Liu X, et al. 2000. Charge analysis on lightning discharges to the ground in Chinese inland plateau (close to Tibet). Annales Geophysicae, 18(10): 1340-1348.

Qic X, Zhang T, Chen C, et al. 2005. The lower positive charge center and its effect on lightning discharges on the Tibetan Plateau. Geophys.res.lett, 32(5): 215-236.

Qie X, Zhang T, Zhang G, et al. 2009. Electrical characteristics of thunderstorms in different plateau regions of China. Atmospheric Research, 91(2–4): 244-249.

Reynolds S E. 1957. Thunderstorm charge separation. Journal of the Atmospheric Sciences, 14(14): 426-436.

Rust W D, Macgorman D R, Bruning E C. 2005. Inverted-polarity electrical structures in thunderstorms in the Severe Thunderstorm Electrification and Precipitation Study (STEPS). Atmospheric Research, 76(1): 247-271.

Sartor J D. 1981. Induction charging of clouds. Journal of the Atmospheric Sciences, 38(1): 218-220.

Saunders C P R, Avila E E, Peck S L, et al. 1999. A laboratory study of the effects of rime ice accretion and heating on charge transfer during ice crystal/graupel collisions. Atmospheric Research, 51(2): 99-117.

Saunders C P R, Bax-Norman H, Emersic C, et al. 2006. Laboratory studies of the effect of cloud conditions on graupel/crystal charge transfer in thunderstorm electrification. Quarterly Journal of the Royal Meteorological Society, 132(621): 2653-2673.

Saunders C P R, Keith W D, Mitzeva R P. 1991. The effect of liquid water on thunderstorm charging. Journal of Geophysical Research Atmospheres, 96(D6): 11007-11017.

Saunders C P R. 2008. Charge separation mechanisms in clouds. Space Science Reviews, 137(1-4): 335-353.

Shao X M, Krehbiel P R. 1996. The spatial and temporal development of intracloud lightning. Journal of Geophysical Research Atmospheres, 101(D21): 26641-26668.

Simpson G, Robinson G D. 1941. The distribution of electricity in thunderclouds, II. Proceedings of the Royal Society of London, 177(970): 281-329.

Simpson G, Scrase F J. 1937.The Distribution of electricity in thunderclouds. Archiv Für Meteorologie Geophysik Und Bioklimatologie Serie A, 161(906): 309-352.

Smith L G. 1957. Intracloud lightning discharges. Quarterly Journal of the Royal Meteorological Society, 83(355): 103-111.

Stolzenburg M, Rust W D, Smull B F, et al. 1998. Electrical structure in thunderstorm convective regions 3. Synthesis. Journal of Geophysical Research Atmospheres, 103(D12): 14097-14108.

Takahashi T. 1978. Riming electrification as a charge generation mechanism in thunderstorms. J.atmos.sci, 35(8): 1536-1548.

Tessendorf S A, Rutledge S A, Wiens K C. 2007. Radar and lightning observations of normal and inverted polarity multicellular storms from STEPS. Monthly Weather Review, 135(11): 3682-3706.

Wang Y, Wan Q, Meng W, et al. 2011. Long-term impacts of aerosols on precipitation and lightning over the Pearl River Delta megacity area in China. Atmospheric Chemistry & Physics, 11(11): 12421-12436.

Weber M E, Christian H J, Few A A, et al. 1982. A thundercloud electric field sounding: charge distribution and lightning. Journal of Geophysical Research Oceans, 87(C9): 7158-7169.

Wiens K C, Rutledge S A, Tessendorf S A. 2005. The 29 June 2000 Supercell observed during STEPS. Part II: Lightning and charge structure. Journal of the Atmospheric Sciences, 62(12): 4151-4177.

Williams E, Rosenfeld D, Madden N, et al. 2002. Contrasting convective regimes over the Amazon: implications for cloud electrification. Journal of Geophysical Research Atmospheres, 107(D20): 50.1-50.19.

Williams E, Stanfill S. 2002. The physical origin of the land–ocean contrast in lightning activity. Comptes Rendus Physique, 3(10): 1277-1292.

Workman E J, Reynolds S E. 1948. A suggested mechanism for the generation of thunderstorm electricity. Phys Rev, 74(6): 709-709.

Yuan T, Remer L A, Pickering K E, et al. 2011. Observational evidence of aerosol enhancement of lightning activity and convective invigoration. Geophysical Research Letters, 38(4): 155-170.

Zhao P, Yin Y, Xiao H. 2015. The effects of aerosol on development of thunderstorm electrification: a simulation study in weather research and forecasting (WRF) model. Atmospheric Research, 153: 376-391.

Zheng D, Zhang Y, Meng Q, et al. 2010. Lightning activity and electrical structure in a thunderstorm that continued for more than 24h. Atmospheric Research, 97(1): 241-256.

第5章 冷云中的冰雹

最早较为系统地讨论冰雹的人是亚里士多德，他试图分析冰雹的结构及其形成过程。从那时起人们一直渴望对冰雹有更清晰的认识，直到 20 世纪 70 年代，Macklin (1977) 与 List (1977) 通过研究对冰雹具有的晶体和气泡的复杂结构进行了讨论和总结。

通常认为冰雹是通过收集过冷液滴及随后的冻结而长大的。但通过总结可以知道，冰雹的增长主要经历了两种极端的过程。其一是在云中液滴含量较低的状态下，小液滴在低温条件下快速冻结在冰雹上，而冻结上去的液滴依然保持着近似的球形；由于冰雹收集液滴的过程是相对随机的，而随后冻结则为不规则地发生的，且彼此之间留有较多无冻结滴空间；最终通过这样的过程形成的冰雹密度约为 $0.1 g \cdot cm^{-3}$（这比纯冰密度 $0.9 g \cdot cm^{-3}$ 小了很多）。这一增长过程也被称为低密度增长、低密度凇附，或者干增长。在这种过程中长大的冰雹，外表更像是一个较干的轻雪球。其二是在云中液滴含量较高的状态下，冰雹在很短的时间内就能收集到大量的过冷水，当冰雹过冷水收集率大于向周围环境释放潜热的过冷水的冻结率时，一些过冷水保持液体状态而没有被冻结，这一过程也被称为冰雹湿增长。在多数情况下，未冻结的液态水留在冰雹的由液滴冻结而成的冰质结构内。在质地密实的冰雹表面上发生的湿增长，液滴所占冰雹质量的比例不超过 10%。当冰雹的湿增长发生在由干增长过程形成的多孔凇附的表面上时，多余的液滴会充满冰雹凇附表面有孔洞的空间，这就像是海绵通过毛细管吸水一样。冰雹的增长过程可能完全是湿增长过程，抑或是干、湿增长过程交替出现，最终形成由冰和水构成的冰雹。事实上，冰雹的增长是介于极端的干增长与湿增长之间的过程，降落到地面上的冰雹都有较为坚实的质地，只含有少量的过冷液滴，其密度接近 $0.9 g \cdot cm^{-3}$。

冰雹有着较为特殊的结构和外表。一般而言其外表有突出的尖端，并被径向分布的气泡间隔开。这些气泡径向排列在很窄的通道中，它们镶嵌在冰雹的透明层内，并可以穿过该层进入冰雹的非透明层。由于液滴可穿过低密度冰，或突出尖端之间的气泡，形成冰雹湿增长的"通道"，通过这些"通道"液滴将包裹凇附增长有突出尖端的冰雹表面。

在冰雹增长过程中过冷液滴冻结时，其中的空气会被排出到"冰-水"界面。如果冻结发生得很快，新形成的小气泡就会被留在冰表面内部，从而形成乳白色或不透明的冰层；如果过冷液滴的冻结过程较慢，小气泡有机会合并到大气泡中，并最终逸出到周围的环境大气中去，从而产生相对较为透明且很少含有大气泡的冰层。

5.1 雹　胚

碰并的液滴冻结后可成为雹胚，而融化的冰相粒子重新进入 0℃ 以上的雹云中也可成为雹胚。此外，还有霰粒子雹胚，它是在冰雹干增长阶段过冷液滴在冰相粒子上累积而形成的。初始的冰相粒子主要有聚并的冰晶、雪晶、小冻滴及冰屑。通常在同一个雹暴中，至少可以发现两种雹胚，即冻滴雹胚与霰状雹胚，这也就意味着在雹暴中液滴的碰并及冰晶效应会在其降水过程中同时出现。其中液滴的碰并需要云底有巨大云凝结核。冰雹形成经历了两个阶段，即雹胚的形成及雹胚增长。事实上在雹胚的增长阶段，由于上升气流很强，不会有雹胚在此阶段形成。绝大多数雹暴的上升气流高度都超过了 0℃层，雹胚可能是下降的水成物粒子，也可能是进入上升气流高度在 0℃层以上的降水粒子，霰状雹胚是最为常见的；在雹暴中冰晶效应是主要的降水过程。

雹胚的类型与云底温度有一定的对应性。平均的云底温度可以由探空得到的抬升凝结高度(LCL)及云凝结高度(cloud condensation level, CCL)计算得到。平均云底温度增加时，冻滴雹胚的比例将会增加，而霰状雹胚的比例则会减小。研究发现雹胚类型与最终形成的冰雹的尺度没有关系，冰雹尺度与其增长过程及其下落末速度有着较为直接的联系。不同区域的冰雹，其雹胚类型有着较大的差异，而在消雹作业时也需要注意不同雹胚所对应的增长过程有差异，因而也应当对应不同的消雹方案和催化剂类型。

5.2 超大的冰雹

历史上当大冰雹降落到有人居住或值守地方，大冰雹的基本状况才被记录下来。例如 2003 年发生在美国科罗拉多州奥罗拉的雹暴过程就记录到了超大的冰雹，至少从冰雹的长度和周长看，它们都是超大的。这次雹暴是一次超级单体，其中 50dBZ 的反射率因子的高度超过了 15km，雷达回波呈典型的钩状回波。

利用透射光对冰雹切片进行观察，没有气泡的冰的颜色是亮的，而有气泡的部分颜色则较暗。通过对冰雹切片的观察，可以详细地了解冰雹的生长中心。

图 5.1 为由于击中房顶而有部分缺损的超大冰雹，其长轴基本与橄榄球相同。如果冰雹收集液滴的速度非常快，并非所有的液滴都会冻结，而部分的液滴会包裹在冰雹中，其整体温度则接近于 0℃；如果冰雹收集液水的速度较慢，它的温度就会接近云的温度。由于冰雹在增长过程中收集水滴主要是在底部，而在这一过程中冰雹又是处于翻滚的状态，所以其所处的环境是十分复杂的。冰雹的增长某种程度上是决定于增长率与热传输之间的平衡，而这种平衡又决定于冰雹的下落末速度、云的温度及云中的液态水含量。

冰雹最外面的增长层通常是亮的，其外缘有圆形的突起，突起可呈单个的瓣状和多个在一起的弯曲的短瓣。冰雹最核心的部分为锥形的霰，也是最常见的雹胚(图 5.2)。

常见的冰雹增长层就与"洋葱"或树木的年轮类似，但这种比喻并不恰当。冰雹在云中不同的液滴含量及温度条件下，收集液滴并冻结，形成多层的结构。此外，大冰雹还有一个突出的特点就是其外缘有突出的冰柱，这与冰雹在下落时旋转时的离心力有一定的关系(图 5.3)。但是如果冰柱只出现在一端，那就很难与其下落时的离心力联系在一起。冰柱有时也出现在小冰雹外缘，但很少出现在中等尺度的冰雹上。

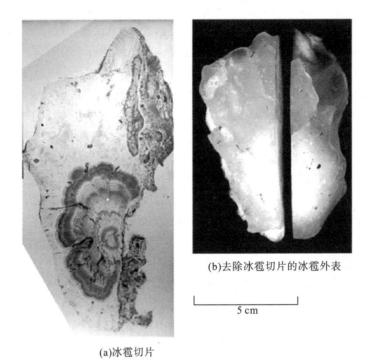

(a)冰雹切片

(b)去除冰雹切片的冰雹外表

5 cm

图 5.1 奥罗拉的最大的冰雹透射光照片

(该冰雹已有部分破损，Knight C A and Knight N C, 2005)

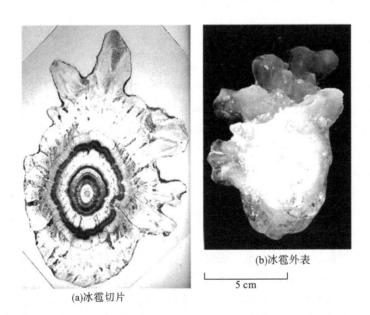

(a)冰雹切片

(b)冰雹外表

5 cm

图 5.2 奥罗拉外缘明显有多个冰柱和干湿增长过程的大冰雹

透射光照片(Knight C A and Knight N C, 2005)

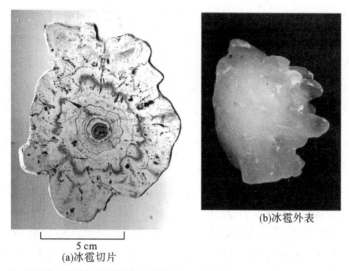

(b)冰雹外表

5 cm

(a)冰雹切片

图 5.3　几乎没有干增长过程的冰雹透射光照片(Knight C A and Knight N C，2005)

　　超大冰雹形成的条件主要是非常强的上升气流及充足的过冷水，但这只是必要条件，而并不是充分条件。例如，在有些强对流天气中既存在着强上升气流也有充足的水汽，但并没有冰雹出现，更不用说会出现大冰雹了。

　　没有大冰雹出现，一方面可能是真正过冷的云很少，但这与现在很多的观测事实是相矛盾的；另一方面，要关注的是冰雹的形成需要雹胚，虽然大冰雹形成需要强上升气流，但是强上升气流也能够阻止大冰雹的出现，因为在强上升气流中增长的雹胚很快就上升到$-40℃$左右的高度，过冷水全部冻结，雹胚被带到下风方，并从云砧中最终落下。因此，大冰雹的形成需要特殊的路径，首先是雹胚进入强上升气流，但在其上升到太高的位置之前于上升气流中停留足够长的时间并长大。冰雹的增长涉及雹暴的动力及微物理过程，雹暴是一个连续的热量释放过程，而冰雹的增长则是阵发性随机的过程。如果雹暴持续的时间足够长，最大冰雹的尺度就由上升气流决定，当上升气流无法托住大冰雹时，它就会从云中降落下来。另一个较为经典的冰雹增长过程，即雹暴中有稳定的气流，且其中有明显的环境风切变，雹胚先在上升气流中生长，在其上升到接近云顶时被抛入辐散气流一侧，然后重新落入低层倾斜的上升气流中，从而由于已经有一定下落末速度而缓慢上升，并有足够的时间长大。发生在奥罗拉雹暴过程的雷达回波有明显的弱回波穹窿，这是水平尺度大、持续时间长的强上升气流的信号，强上升气流中含有大量的过冷云水。

　　此外，大冰雹都有透明的外部增长层，这表明大冰雹在其最后的增长阶段主要是在上升气流的下部较暖的环境中完成的，并在此处收集了大量的过冷水。产生大冰雹雹暴的强上升气流的位置一般较低，多在$-5\sim-15℃$（或$-20℃$）的范围内，这多由低层的强烈辐合造成的。

5.3　冰雹增长的物理过程

　　冰雹增长的物理过程涉及热量及质量的传输过程，而具体物理过程主要可以分为：干增长过程、湿表面的形成增长过程、永久液水表面的形成增长过程。

冰雹在云环境中形成，其中的高度、温度、压力，这些决定着冰雹增长的液水表面物理过程。描述冰雹增长的物理量主要有：冰雹直径 $D(m)$、冰质量增长的部分 $I_f(-)$、云的液水含量 $W_f(kg·m^{-3})$、净的"云滴-液滴"收集率 $E_{NC}(-)$、空气温度 $t_A(℃)$、冰雹表面的温度 $t_S(℃)$，以及新变量 $X(=W_fRe^{1/2})$、$Y(=E_{NC}I_f)$，Φ 与 Ψ（它们是 t_A 与 t_S 的函数）。

研究表明，全球范围绝大多数的冰雹是由小于 5mm 的锥形霰状雹胚生成的，而其他的则主要是源于冻滴（这主要包括破碎滴、冰晶、类似盐的具有平整表面的单个晶体）。由疏松的霰粒子转变为质地密实的小雹是冰雹形成的关键过程。气象上经常提到的冰丸、霰粒子、小雹，这些词有时让人十分困惑。事实上冰雹表面的温度是相对均匀的，在其下落的过程中会出现不规则的翻转，其在所有的方向上会均匀地增长。

球形冰雹在自然界中并不占主导地位，相对而言椭球形冰雹更普遍，尺度为 2～5cm 的椭球形冰雹占了 70%。但是解决椭球形雹粒子的问题要先解决球形雹粒子的问题，以球形雹粒子的研究为基础，研究得到最基本的物理机制后才可推而广之。因而，研究球形冰雹粒子是研究冰雹的第一步。

下面以球形冰雹为例，说明其增长的物理过程。

假设冰雹是径向球对称的冰雹粒子，其含有气泡的固态冰或海绵冰，其所处的空气温度 t_A 及其表面温度 t_S，具体为-40℃<t_A<t_S<0℃；当温度低于-40℃时就会出现冰相粒子的均质核化，而长大的冰雹温度是不高于 0℃的。

5.3.1　冰雹的干增长过程

漫射光看上去较白，透射光看上去较暗，这个增长过程形成的层含有大量的气泡，冰雹收集液滴快速冻结，使得很多小的气泡也冻结在其中，从而使这层冰中包含大量的气泡。

冰雹表面温度 t_S≤0℃，"干"冰在冰雹表面累积，增长是由冰的凝华潜热 $L_{E_S}(J·kg^{-1})$ 决定的。由于没有冰屑脱落，冰雹的增长特征可以 $E_{NC}I_f=1$ 来描述。E_{NC} 为净的收集率（初始收集的留在冰雹上的液水），I_f 为冰质量增长的部分（并非均为液水冻结而成）。

5.3.2　冰雹的湿表面增长过程

在此阶段冰雹的增长率比热传输率更快，冰雹的表面有液体的过冷水，且温度逐渐达到冻结点，冰雹收集到的过冷水融化成一整层，冰层相对透亮，其中很少有气泡。有大量的冰屑会从冰雹表面脱落，这意味着 E_{NC}<1。海绵状冰在接近 0℃时形成，冰雹表面是湿的，但是并没有被连续的水层包围，蒸发潜热 L_{E_l} 被用以蒸发液水，此时冰雹表面的温度 t_S 接近 0℃，$E_{NC}I_f$<1。

5.3.3　冰雹的表面永久水面增长过程

在有永久过冷液滴表面的冰雹上有海绵状的冰形成，表面轻微的过冷可以促使表面冻结。与之相伴的是"剩余"水分的脱落，而脱落的速度是由离心加速度决定的。

冰雹的增长是由其在结冰的环境中停留的时间长度所决定的。首先必须要有高的液水含量，其次要维持强的上升气流速度。冰屑脱落减小了局部云水的消耗，导致对于液水含量消耗的减少，淞附后出现冰屑的脱落为冰雹生长提供了良好的条件。

5.4 环境风切变对于冰雹增长的影响

已有研究表明雹暴内部的气流特征对于冰雹增长有着十分显著的影响。冰雹是由雹胚通过上升气流作用，在较为特定的运动轨迹下长大成冰雹的。典型的轨迹可能是这样的：①雹胚进入强上升气流区，并在其明显增长前被云砧前部的气流移出该区域；②雹胚进入次强的上升气流区，在上升的过程中增长，并循环进入云的悬垂体；③增长的雹胚围绕着气旋性的上升气流外缘落下到达云的底部后，重新进入上升气流，且上升气流速度与冰雹的下落末速度达到平衡；④进入平衡状态后，冰雹就悬浮于云内最佳的增长环境中了。这一平衡也是冰雹增长的最优的条件，且对冰雹的增长十分关键。如果上升气流太强，小粒子会被很快吹到冰雹增长区域顶部之外，而没有来得及发生明显的增长；如果上升气流太弱，冰雹在发生实质性的增长前就会沉降到地面上去。尽管最大的上升气流速度与冰雹尺度的上限有一定的关系，但是较高的上升气流速度还不足以保证冰雹的增长；冰雹必须在上升气流中停留足够长的时间。而冰雹在上升气流中停留的时间又与上升气流的宽度有关，因为较宽的上升气流更有利于冰雹的增长。通过各类机制增长到毫米尺度的雹胚，在进入主上升气流之前就已经到达上升气流速度与下沉速度的平衡了。这一平衡必须发生在具有充足过冷水(过冷水可能以云滴或者雨滴的形式存在)及适当温度的环境中，雹胚才能发生有效的增长。对于大冰雹的增长而言，冰雹必须处于速度的平衡状态中，这样它们才能在温度为-10~-25℃的过冷水丰富的上升气流环境中停留较长的时间。此外，冰雹的增长还需要考虑雹胚对于过冷水的竞争问题。

因此，最优的冰雹增长条件主要是：①适当强度及宽度的上升气流，以便托住冰雹或雹胚；②足量的过冷水；③有助于冰雹增长的温度；④适当的雹胚尺度使得雹胚在上升气流中可以悬停，而适当的雹胚数浓度可以避免雹胚争食而耗尽过冷水；⑤适当的雹胚路径，使得雹胚进入最佳的增长环境。雹暴的气流类型至关重要，它可以控制冰雹的增长。

事实上，雹暴的动力过程可以影响其微物理过程，特别是可以影响冰雹的形成及增长过程。环境风场的变化会使得上升气流的形状、尺度、强度均发生变化，这势必影响其中冰雹的增长过程。

Dennis 与 Kumjian(2017)的模拟研究结果表明，增加的深层的东西向风切变会延长雹暴在这个方向上的上升气流，进而会增加冰雹增长所需的微物理空间，也会增加上升冰雹在上升气流中的停留时间，同时会增加雹胚源的范围；而低层南北向风切变的增加，会导致雹暴 0~3km 螺旋度的增加，同时也会延长该方向的上升气流，由于会分离有利于雹胚形成的区域，进而减少形成雹胚水成物粒子，冰雹的质量也会因此而减小。

5.5　冰雹增长过程中的热量和质量平衡方程

冰雹和环境之间的热量传输分量主要有：热传导和对流传输$Q_{CC}^*(W)$、从固体或液体表面的蒸发Q_E^*、通过碰撞云滴增长的感热通量Q_{CP}^*、所有远离增长冰雹使收集的水滴全部或部分地冻结的负的热通量Q_F^*，因此有（List，1963）：

$$Q_{CC}^* + Q_E^* + Q_{CP}^* + Q_F^* = 0 \qquad (5.1)$$

传导和对流造成的热传输：

$$Q_{CC}^* = -0.535\pi K(\tau\theta\kappa)kRe^{1/2}D(t_S - t_A) \qquad (5.2)$$

热量传输的驱动力是冰雹表面和空气之间存在的温度差$t_S - t_A$造成的传导和对流。而热量的传输又受到气流的影响，且影响的程度与雷诺数（Re）有关；同时需要考虑到冰雹处在湍流中旋转，因此要有订正因子$K(\tau\theta\kappa)$。

蒸发造成的热传输：

$$Q_E^* = -0.511\pi K(\tau\theta\kappa)D_{wa}Re^{1/2}DL_E\frac{e_S - e_A}{RT_A} \qquad (5.3)$$

式中，e_S为冰雹表面的饱和水汽压；e_A为空气水汽压，当$t_S > t_A$时气体传输质量与$e_S - e_A$成正比；D_{wa}为水汽在空气中的传输率；$R(\text{J·kg}^{-1}\text{·K}^{-1})$为水的比气体常数；$L_E$为相变潜热；$T_A$（K）为空气温度。

过冷滴增长的热传输（Q_{CP}^*）：

$$Q_{CP}^* = -\frac{\pi}{4}EVD^2W_f c_W(t_S - t_A) \qquad (5.4)$$

式中，V为体积。

所有增长的液滴向冰雹传输的感热，其中E为冰雹与云滴的碰撞效率，增长滴的比热为$c_W(\text{J·kg}^{-1}\text{·C}^{-1})$。

对于增长的过冷云滴冻结产生的热（Q_F^*）为

$$Q_F^* = \frac{\pi}{4}EE_{NC}I_f VD^2W_f L_F \qquad (5.5)$$

冰雹增长总的热通量，即Q_{CC}^*、Q_E^*及Q_{CP}^*之和，以抵消冻结产生的潜热。Q_F^*与冰雹和液滴的碰撞效率、净的收集效率成正比。

冰雹增长与其表面温度有着密切的关系，冰雹整体最高温度为0℃。冰雹表面的冻结潜热会使得冰雹表面存在温度梯度。这意味着即使冰雹表面是湿的，或者被液水所覆盖，其表面温度也低于0℃。冰雹的核心为海绵状冰，其温度为0℃；其外面为过渡层，并最终可建立热平衡；最外面为枝状的海绵状冰，其可伸展到冰雹的液体表面中。由于云滴会不断地碰冻到冰雹上，枝状的海绵状冰不伸展到冰雹的液体表面中。由于云滴会不断地碰冻到冰雹上，枝状的海绵状冰不会超出液体表面。

5.6 冰雹的测量

对于冰雹的测量主要包括：冰雹的地面测量、冰雹的卫星测量、冰雹的单部多普勒雷达测量，以及冰雹的双极化雷达测量。

5.6.1 冰雹的地面测量

地面冰雹的测量主要采用"测雹板"，然而在观测中"测雹板"测量到的最大冰雹往往小于其附近出现的最大冰雹，为了解决这一问题，Bardsley(1990)发展了"极值理论"。

首先定义 P 为"测雹板"的面积，G 为"测雹板"的一块特定区域的面积。假设降雹的时间段为 Δt，而落在"测雹板"及其附近最大冰雹的直径分别为 X_P 与 X_G。则最大的冰雹落在"测雹板"上的可能性为 $pr=P/(P+G)$。如果为了观测到最大的冰雹，G 就会取得比 P 还要大，则 $pr(X_P>X_G)$ 就会很小。

$F(x)$ 为控制 X_P 的累积分布函数。$F(x)$ 给出了冰雹直径 X_P 小于特定值 x 时的可能性，在随机取样 N 中，X_P 为最大的冰雹尺度，则有：$pr(X_P<x)=F(x)^N$。

如果有如下的条件：

(a)落在 $P+G$ 合成面积上的冰雹的尺度分布是相同的，均为 $h(x)$；

(b)冰雹在 $P+G$ 合成面积上的落点是随机的；

(c)大量雹砸在"测雹板"上的时间间隔为 Δt。

则三种极值累积分布函数分别为

$$F_1(x)^N = \exp\left\{-\exp\left(\frac{x-\mu'}{\theta}\right)\right\} \tag{5.6}$$

$$F_2(x)^N = \exp\left\{-\exp\left(\frac{x-\omega}{\delta'}\right)^{1/k}\right\} \quad (k<0, x\geq\omega) \tag{5.7}$$

$$F_3(x)^N = \exp\left\{-\exp\left(\frac{\xi-x}{\sigma'}\right)^{1/k}\right\} \quad (k>0, x\leq\xi) \tag{5.8}$$

其中，k 为形状参数；θ、δ、σ 为尺度参数；μ、ω、ξ 为位置参数，$\mu'=\mu+\theta\ln N$、$\delta'=\delta N^{-k}$、$\sigma'=\sigma N^{-k}$。X_P 及 X_G 的分布是类似的，二者之间的差别只有尺度参数及位置参数的差别。k、θ、ω、ξ 为冰雹尺度分布 $h(x)$ 的函数，与冰雹的频数无关；μ、δ、σ 与 $h(x)$ 及冰雹的频数均有关。而三种 X_P 及 X_G 的期望值表达式分别为

$$E_1(X_P) = \mu+0.57722\theta \tag{5.9}$$

$$E_1(X_G) = \mu+\theta\ln N+0.57722\theta \tag{5.10}$$

$$E_2(X_P) = \omega+\delta\Gamma(1+K) \tag{5.11}$$

$$E_2(X_G) = \omega+\sigma\Gamma(1+K) \tag{5.12}$$

$$E_3(X_P) = \xi+\sigma\Gamma(1+K) \tag{5.13}$$

$$E_3(X_G) = \xi+\sigma N^{-k}\Gamma(1+K) \tag{5.14}$$

其中，Γ 为伽马函数。

5.6.2 冰雹的卫星测量

发展得较高的强对流天气系统多数与灾害性危险天气有着密切的联系，而此类天气系统均包含明显的冷云过程。对于冷云的观测涉及多种方法，特别是其中的遥感观测方法有着诸多的优势，因而备受学术界的重视。遥感观测主要有天基的卫星与地基的雷达观测方法。雹暴是典型的灾害性危险天气，涉及明显的冷云过程。通过雷达观测可知，雹暴中冰雹的出现通常与系统的高度及最大的反射率因子相联系，而这两个因子又依赖于系统中的上升气流速度。Donaldson (1959) 研究发现利用 X 波段雷达观测时，50% 的雹暴的反射率因子会超过 50dBZ，而其高度则会超过 12.2km。如果仅以单体的高度作为判据，则 50% 的雹暴单体的高度会超过 14km。Waldvogel 等 (1979) 则认为雹暴的 X 波段雷达反射率因子会超过 45dBZ，且在冻结层之上至少要发展 1.4km。由于 X 波段雷达存在着一定的衰减，比其频率低的雷达则更有优势。Auer (1994) 利用 S 波段雷达反射率资料及卫星图像或探空得到的云顶温度开展了区分强降水及冰雹的工作，其研究发现 91% 的雹暴满足以下的条件：

$$2.6Z_e(\text{dBZ}) + \text{TB}(℃) \geqslant 85 \qquad (5.15)$$

式中，Z_e 为雷达基本反射率；TB 为亮温。这一判据会造成 12% 的虚警。

Kitzmiller 等 (1995) 则利用 S 波段雷达的观测资料分析指出，天气系统的雨强与垂直柱内的冰水含量有着直接的联系，因此对液态水含量在垂直方向上进行积分可作为强对流天气的指示因子，但其准确率只有 40%。此外，学术界通过研究得到了一些综合因子法用以指示冷云中的冰雹，这些因子综合了雷达反射率因子、温度廓线，以及偏振雷达信息，识别冰雹的能力大幅提高，且虚警率可以控制在 11% 以内。

随着卫星观测技术的发展，尽管其分辨率有一定的局限性，但它的优势在于观测范围可以覆盖无地面观测站的区域，这对于监测全球的冰雹气候特征尤为重要。目前卫星不局限于辐射测量，还时常搭载雷达(例如：TRMM、GPM 及 CloudSat 卫星)。Cecil (2009) 利用 TRMM 卫星及地面冰雹的观测资料，检验了 TRMM 卫星 PR 雷达探测冰雹的能力，通过研究发现系统高度达到 9km 时，74% 的雹暴回波信号强度超过 49.1dBZ，而 43% 的超过 43.1dBZ；此外，79% 的雹暴在 36.6GHz 的亮温低于 180K。通过这一结果则可以了解全球范围内雹暴的分布特征。

Ferraro 等 (2015) 利用微波探空亮温作为识别冰雹的判据，具体如下：

$$\text{TB}_{89} \leqslant 228.2\text{K}, \text{TB}_{150} \leqslant 206,9\text{K}, \text{TB}_{183\pm1} \leqslant 211.1\text{K}, \text{TB}_{183\pm1} \leqslant 211.1\text{K},$$
$$\text{TB}_{183\pm3} \leqslant 204.6\text{K}, \text{TB}_{183\pm7} \leqslant 200.5\text{K} \qquad (5.16)$$

其中，TB 下脚标均为微波的中心频率。利用这一判据可以识别 40% 的雹暴。

通过利用 GPM 卫星 40dBZ 雷达反射率因子的高度与 TB 作为基本因子，所构建的综合指数可以识别冰雹。此外，平均混合相反射率因子与积分反射率也可作为基本因子，而这些因子的加入将会提高 GPM 识别冰雹的能力。

由于对流系统发展演变的速度较快，当雹暴系统处于降水阶段时，对其进行明确的识别是较为困难的。冰雹的发生需要地面人员直接的观测验证，而在无人区域冰雹的发生具有一定的不确定性。此外，雷达观测到的冰雹在降落到地面之前就会融化，而这取决于低层的温度及相对湿度。

5.6.2.1　观测资料

观测中使用的核心设备为 GPM 卫星，并辅之以地面雷达。Cecil (2011) 给出了雷达指示冰雹的物理量，即：

$$M = 0.00344Z^{4/7} \tag{5.17}$$

其中，M 为冰混合比 $(g \cdot m^{-3})$；Z 为反射率 $(mm^6 \cdot m^{-3})$。对于 GPM 卫星而言，当 Ku 波段反射率因子在冻结层之上超过 40dBZ 时，资料将被选取并作为主要分析对象。此外，降水事件选择 S 波段雷达观测范围内的过程，以便于对降水系统进行对比观测。由于 GPM 的轨道倾角为 $65°$，因此其观测范围包括中纬度及热带区域。GPM 的核心观测设备是双频降水雷达，其频率分别为 Ku(13.6GHz) 以及 Ka(35.5GHz)，两个通道的扫描宽度分别为 245km 和 120km。

由于雷达的反射率在观测时易造成衰减，因此在选取资料时就需要考虑受误差影响较小的天气过程。其中 Ku 波段可以清晰地观测到雷暴的结构。GPM 的产品 2ADPRENV (2A 层 DPR 环境产品) 可直接给出对流有效位能 (CAPE)，对于强雷暴的而言，雷暴核心处的 CAPE 值可达到 $3 \sim 3.7kJ \cdot kg^{-1}$。

GPM 搭载的微波辐射计在 $10.6 \sim 183GHz$ 共有 13 个不同的通道，而波束宽度在 $1.72° \sim 0.37°$。在分析雷暴时，将 TB 的低值与雷达的最大反射率进行对比分析，以避免观测的天气系统出现不必要的误差。

由于水面所释放的电磁辐射是部分极化的，且其水平极化辐射具有低发射率的特点。而极化的程度依赖于信号的频率及对目标物观测的角度，通道的频率越低则极化被影响的程度就越大。为了更好地区分水面 (湖泊及海洋) 与强对流天气系统，Spencer 等 (1989) 及 Cecil 等 (2002) 提出于 89GHz 及 36.6GHz 通道的设定极化校正温度 (polarization corrected tempreture，PCT)。

$$TB_{36.6}^{PC} = 2.2TB_{36.6}^{V} - 1.2TB_{36.6}^{H}$$
$$TB_{89}^{PC} = 1.818TB_{89}^{V} - 0.818TB_{89}^{H} \tag{5.18}$$

其中，PC 表示极化校正 (polarization corrected)；V 和 H 分别表示垂直、水平极化。

对于强对流天气系统，水平及垂直极化辐射几乎不存在差别，且极化校正温度与观测的 TB 基本相同。由于在更高及更低频率的通道并无校正温度公式，因此主要用以上两个极化通道。

5.6.2.2　卫星具体的观测方法

表 5.1 为 GPM 卫星探测冰雹的主要物理量。Mroz 等 (2017) 在研究中特别选取冻结层以上 Ku 波段雷达反射率分别为 40dBZ、35dBZ、30dBZ、25dBZ 及 20dBZ 的最高高度，作为雹暴发生的指示因子，这些因子与对流活动有着密切的联系。上升气流越强，则越大的粒子就会被输送到对流层中更高的高度层中。各反射率因子及 0℃ 高度均由 2ADPRENV 产品反演得到。例如，对于 40dBZ 高度，具体有

$$H40^{\text{AFL}} = H40^{\text{ASL}} - \text{FLH} \tag{5.19}$$

其中，AFL（above freezing level）代表在冻结层之上；ASL（above sea-surface level）代表在海平面之上；FLH（freeze level height）代表冻结层高度。

表 5.1 GPM 卫星探测冰雹的主要物理量

主要物理量	具体描述
$H20^{\text{AFI}}_{\text{Ku(Ka)}};H25^{\text{AFI}}_{\text{Ku(Ka)}};H30^{\text{AFI}}_{\text{Ku(Ka)}};H35^{\text{AFI}}_{\text{Ku(Ka)}};H40^{\text{AFI}}_{\text{Ku(Ka)}}$	0℃ 层以上 20dBZ、25dBZ、30dBZ、35dBZ、40dBZ Ku（Ka）反射率层高度（单位：km）
$H40^{n}_{\text{Ku}};H30^{n}_{\text{Ku}}$	由对流层顶高度归一化的冻结层之上的 40dBZ Ku 及 30dBZ Ka 反射率层高度（无单位）
$Z^{\text{max}}_{\text{Ku(Ka)}}$	最大柱反射率（dBZ）
$Z^{\text{int}}_{\text{Ku(Ka)}}$	柱积分反射率（dBZ^{int}）
$Z^{\text{mix}}_{\text{Ku(Ka)}}$	混合相层平均反射率（dBZ）
$H^{\text{AFI}}_{10\text{dB}};H^{n}_{10\text{dB}}$	对流层顶高度归一化及非归一化的冻结层之上 10dB 差分反射率高度（单位：km）
$\text{TB}^{V(H)}_{10.6};\text{TB}^{V(H)}_{18.7};\text{TB}^{V}_{23.8};\text{TB}^{PC}_{36.6};\text{TB}^{PC}_{89};\text{TB}^{V(H)}_{166};\text{TB}^{V}_{183.3\pm3};\text{TB}^{V}_{183.3\pm7}$	在不同极化状态和频率下的 TB（单位：K）

同时定义相对于对流层顶及冻结层的反射率层高度，同样对于 40dBZ 层则有

$$H40^{n} = \frac{H40^{\text{AFL}}}{\text{TH} - \text{FLH}} \tag{5.20}$$

其中，TH（troposphere height）为对流层高度。

此外，定义积分反射率，即从云顶高度（cloud top height，CTH）到冻结层高度（FLH）对测量反射率的积分，具体如下：

$$Z^{\text{int}} = 10\log_{10}\int_{\text{FLH}}^{\text{CTH}} Z(h)\mathrm{d}h \tag{5.21}$$

其中，h 为高度，单位为 m；CTH 由大于 Ku 波段雷达反射率 12dBZ 的云顶高决定的。在研究中需要特别重视固相水成物粒子的分类，Z^{int} 是以 $10\log_{10}(\text{mm}^6\cdot\text{m}^{-2})$ 的形式给出的。此外，还需要考虑混合相反射率，-10℃等温线之上 4km 厚度的平均反射率，可具体按照如下的形式给出：

$$Z^{\text{mix}} = 10\log_{10}\left[\int_{-10℃}^{-10℃+4\text{km}} Z(h)\mathrm{d}h / 4\text{km}\right] \tag{5.22}$$

尽管过冷水并非总是在冻结层之上，但在-10℃以上的 4km 范围内总是存在混合相态的水成物粒子。虽然在冻结层之上 Ka 波段信号受到云中水成物的散射衰减较 Ku 波段信号强，Ka 波段信号的积分及混合相反射率也同样被应用。

5.6.2.3 观测结果的验证

为了验证基于卫星的冷云中冰雹的探测效果，需分析探测效率（probability of detection，POD）、虚警率（false alarm rate，FAR）、关键成功指数（critical success index，

CSI)，Schaefer（1990）给出的定义如下：

$$POD = \frac{h}{h+m}, FAR = \frac{f}{h+f}, CSI = \frac{h}{h+m+f} \qquad (5.23)$$

其中，h 为冰雹发生的次数；f 为虚警次数；m 为漏报次数。

观测发现基于雷达的观测量 H_{10dB}^{AFL}、Z_{Ku}^{int} 及 Z_{Ku}^{mix} 有较高的 CSI 值，且为 42%～45%，而它们的 FAR 及 POD 的取值范围相同，分别为 41%～49% 及 65%～70%。在实际研究中可综合考虑 CSI、FAR 及 POD，以便更好地判断冰雹发生的可能性。

5.6.3　冰雹的单部多普勒雷达测量

雷达探测冰雹的技术可以大致分为两类，即直接探测冰雹及通过雹暴的结构反演冰雹特征的间接探测。早期的直接探测主要是利用雷达反射率因子的量级与分布特征来开展工作的，同时有很多的研究者力求建立最大冰雹尺度与雷达反射率因子之间的关系，而这种尝试的效果较为有限。较有代表性的直接探测是雷达"指状"回波，它可指示冰雹的发生，这主要是由雷达的旁瓣及"三体散射"造成的。而更进一步的直接探测是利用多参数雷达（多波长及双极化）进行系统的观测。最初的间接探测主要依赖于雷达反射率的结构（如：钩状回波），而非其数值的量级。在这之后的研究则发现多普勒速度谱宽与冰雹的出现也有一定的联系，但将这一技术应用到冰雹预警中存在着明显观测技术上的局限性。间接探测还包括利用多普勒径向速度反演雹暴的流场结构，进而研究冰雹发生的可能性。随后的间接观测则更加注重探测冰雹的理论基础，具体的理论基础主要如下。

5.6.3.1　相对于冰雹最大尺度上升气流的特征

通常而言，对流系统的最大上升气流速度与冰雹的最大尺度之间有一定的联系，但是当最大速度过大时则对于冰雹的增长是不利的。特别是当垂直上升气流速度超过 $40m \cdot s^{-1}$ 时，就很难将水成物粒子保持在主上升气流区中，并出现最大尺度的冰雹。Nelson 通过研究认为当上升气流速度介于 $20 \sim 40\ m \cdot s^{-1}$ 时最利于最大尺度的冰雹出现，这个速度区间是较宽的。然而即便是雷暴中的最大上升气流速度超过 $40m \cdot s^{-1}$ 时，在该天气系统中仍然存在垂直上升气流速度较为适中的区域。因此，这样的最大上升气流速度仍然可作为大冰雹出现的指示因子。

5.6.3.2　相对于水平辐散场的上升气流特征

对于深对流而言，可以非弹性连续方程来表示其质量守恒，因此垂直速度与水平辐散之间的关系可表示为下式：

$$\nabla \cdot V_h^\rho + \frac{\partial w}{\partial z} + w\frac{\partial \ln \rho}{\partial z} = 0 \qquad (5.24)$$

式中，V_h^ρ 为水平风速；w 为垂直风速；ρ 为空气密度。以适当的边界条件对该式进行垂直积分。$\nabla \cdot V_h^\rho$ 与 $\frac{\partial w}{\partial z}$ 具有相同的数量级，约为 $10^{-2} \cdot s^{-1}$，而 $\frac{\partial \ln \rho}{\partial z}$ 的量级则约为 $10^{-4} \cdot m^{-1}$。

因此，在强上升气流中，$w\frac{\partial \ln \rho}{\partial z}$ 比 $\nabla \cdot V_{\mathrm{h}}^{\rho}$ 与 $\frac{\partial w}{\partial z}$ 都要小很多。如果在地面及雷暴顶部的垂直风速 w 接近 0，则上升气流区域是辐合的，且 $\frac{\partial w}{\partial z}>0$；而辐散区域 $\frac{\partial w}{\partial z}<0$；最大上升气流速度与低层辐合及高层辐散的数量级成正比。

5.6.3.3　上升气流特征的指示因子

1. 最大垂直速度

由于要实时估算最大冰雹尺度，所以指示因子应当简单且易于计算。其中首先要考虑上层辐散出流的量级，它可以指示最大垂直速度，同时可以计算辐散出流区域内的径向速度差 ΔV。在单多普勒雷达风场中，ΔV 为最大多普勒速度与最小多普勒速度的差值。

2. 最大上升气流速度的量级

若要将单部多普勒雷达的观测量作为上升气流特征的指示因子，除了要考虑上升气流的强度，还要考虑在天气系统中层上升气流的所主导的区域(该区域是冰雹增长最快的区域)。这两个量可以反映强对流系统上部总的质量通量。在具体计算时可以将强对流系统出流上部各层的质量通量进行求和，但为了计算时更加简便，也可以仅选择最大速度层进行质量通量的计算。各层单位厚度的质量通量可由下式表示：

$$\int_A \int \rho \nabla \cdot V_{\mathrm{h}}^{\rho} \mathrm{d}A \tag{5.25}$$

其中，A 为包围辐散出流的面积。

在球坐标系中有

$$\nabla \cdot V^{\rho} = \frac{\partial V_r}{\partial r} + \frac{2V_r}{r} + \frac{1}{r\sin\theta}\frac{\partial V_\theta}{\partial \theta} + \frac{1}{r\sin\phi}\frac{\partial (V_\phi \sin\phi)}{\partial \phi} \tag{5.26}$$

由于多普勒雷达不能测量方位角速度及仰角速度 V_θ 与 V_ϕ，因此剩下的主要是径向的辐散 $\frac{\partial V_r}{\partial r} + \frac{2V_r}{r}$，除了当 r 很小时，$\frac{\partial V_r}{\partial r}$ 比 $\frac{2V_r}{r}$ 至少大一个数量级。若上升气流所主导的区域是正负径向速度轴对称区域，则有

$$\iint_A \frac{V_r}{r} \mathrm{d}A \approx 0 \tag{5.27}$$

因此，便可以利用剩下的径向速度切变 $\frac{\partial V_r}{\partial r}$ 来估算辐散场，同时可以定义强径向风切变面积指数(hard radial shear area，HRSA)，即：

$$\mathrm{HRSA} = \iint_A \frac{\partial V_r}{\partial r} \mathrm{d}A, \frac{\partial V_r}{\partial r} \geqslant 5 \times 10^{-3} \cdot \mathrm{s}^{-1} \tag{5.28}$$

通过非零风切变阈值的使用，可以确定与中等以上强度上升气流区域相对应的出流，同时还可避免湍流对其的影响。

5.6.3.4　强径向风切变面积指数与最大冰雹尺度的相关性

在具体计算强径向风切变面积指数时，首先需要计算 ΔV，而 ΔV 计算的时间窗口是从降雹开始时间的前 15min 至其后的 5min，在这 20min 的时间尺度内冰雹会生长并降落

到地面，且多普勒雷达可完成 2～5 个体扫，这为计算 HRSA 提供了基本条件。此外，在计算时，出流区域反射率因子阈值定为 10dBZ。通常而言，峰值速度值在 15m·s^{-1} 以内。在计算 HRSA 时，使用中心有限差分方法，具体如下：

$$\text{HRSA} = \sum_{i=1}^{N_1} \sum_{j=1}^{N_2} \frac{V_{r(j+1)} - V_{r(j-1)}}{2\Delta r_j} r \Delta r_j \Delta \theta_i \tag{5.29}$$

其中，$\Delta r = 0.9\text{km}$，$\Delta \theta$ 的变化范围在 $0.5°～1.0°$。Witt 与 Nelson（1991）通过研究发现，ΔV 及 HRSA 与最大的冰雹直径之间存在着明显的线性相关。

5.6.3.5　单部多普勒雷达反演最大冰雹尺度的不确定性

单部多普勒雷达反演最大冰雹尺度存在着诸多的不确定性。首先，从雷达观测角度而言，多数的辐散出流并非是轴对称的；其次，最大尺度的冰雹通常出现在靠近上升气流的狭窄区域，有时很难观测到真正的最大尺度的冰雹；最后，ΔV 与 HRSA 的计算依赖于速度的测量及辐散出流区域的确定。

5.6.4　冰雹的双极化雷达测量

双线偏振雷达测量的差分反射率可表达为

$$Z_{\text{DR}} = 10 \log_{10}(Z_{\text{HH}} / Z_{\text{VV}}) \tag{5.30}$$

其中，极化反射率 Z 的第一个下角标为雷达接收电磁波的极化方向，第二个下角标为雷达发射电磁波的极化方向，H 为水平方向，V 为垂直方向。

Aydin 等（1986）为了更好地从雨滴中识别出冰雹粒子，发展了冰雹差分反射率 H_{DR}，其表达式具体如下：

$$H_{\text{DR}} = Z_{\text{HH}} - f(Z_{\text{DR}}) \tag{5.31}$$

其中，

$$f(Z_{\text{DR}}) = \begin{cases} 27, Z_{\text{DR}} \leqslant 0\text{dB} \\ 19Z_{\text{DR}} + 27, 0 \leqslant Z_{\text{DR}} \leqslant 1.74\text{dB} \\ 60, Z_{\text{DR}} > 1.74\text{dB} \end{cases} \tag{5.32}$$

其结果一共分了三段，详见图 5.4。

Brandes 与 Poolman（1998）通过在科罗拉多的观测发现 H_{DR} 与观测得到的冰雹直径存在着正相关，而 Mezzasalma 等（2000）在意大利的观测则发现二者的相关性并不是很好。这与测雹板所设置的密度、雷达观测的时间分辨率，以及 C 波段或 X 波段雷达观测信号衰减对 Z_{DR} 所造成的不确定性都是有关系的。而对波长为 S 波段的信号而言，观测信号衰减较小，因而可以较好地减少观测中存在的不确定性。Depue 等（2007）利用 S 波段雷达的观测结果表明，H_{DR} 阈值为 21dB 时，可对应识别直径大于 19mm 的冰雹；H_{DR} 阈值为 30dB 时，便可以观测到建筑物的损失。

此外，还可以建立 LDR（linear depolarization ratio，线性退偏振比）与观测的冰雹特征之间的关系（详见图 5.5）。

$$\text{LDR} = 10 \log_{10}(Z_{\text{ZH}} / Z_{\text{HH}}) \tag{5.33}$$

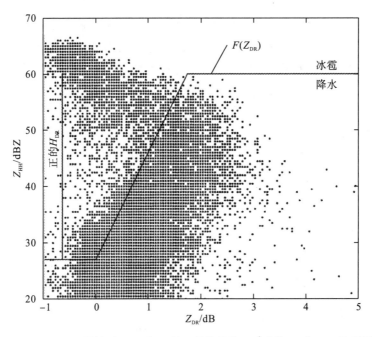

图 5.4　CSU-CHILL 雷达于 2003 年 6 月 6 日仰角为 0.5°时的 Z_{HH} 与 Z_{DR} 的观测结果

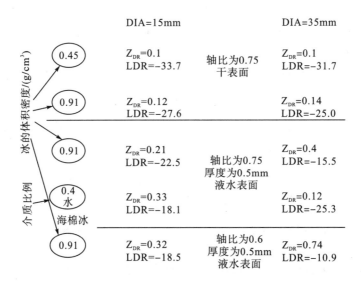

图 5.5　由 T 矩阵模式计算的干表面及有液水表面覆盖的冰雹直径为
15mm 与 35mm 的 Z_{DR} 与 LDR 的对比(Depue et al.，2007)

　　由于双极化雷达可以探测深湿对流冷云的微物理结构，双极化雷达的观测参量(特别是水平反射率因子 Z_H、差分反射率 Z_{DR}、特征差分相移 K_{DP}、共极相关系数 ρ_{hv}、线性退偏振比)可以反演其中水成物粒子的尺度、形状、成分，以及云中的取向等，因此其对于冷云中常出现的冰雹的微物理过程的研究有着较为重要的作用。深湿对流冷云观测中最值得关注的偏振量为"差分反射率柱"(图 5.6)，其可被定义为在深湿对流冷云系统 0℃

层以上窄的(宽度小于 10km)垂直向上的正 Z_{DR} 区域。如果深对流足够强，并产生了弱的回波区，则通常可以在弱回波区内或其边缘发现"差分反射率柱"。在一些极端的例子中，"差分反射率柱"可以延伸到 0℃ 层以上超过 3km 的高度，这表明过冷液滴被上升气流抬升到超过 0℃ 层较高的位置。"差分反射率柱"的存在表示在环境 0℃ 层以上有悬浮增长的大雨滴。

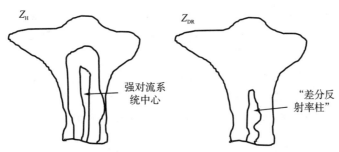

图 5.6　双偏振雷达观测到的强对流天气系统成熟期
水平反射率因子与差分反射率示意图(Kumjian et al.，2014)

"差分反射率柱"形成的主要物理过程如下。首先，在上升气流中增长的小雨滴降落到云边缘的弱上升气流区，或者向下传播到下沉气流区中。其次，其中一些雨滴会重新进入低层的上升气流中，如果这里的上升气流速度与雨滴的下沉速度相当，液滴就会被悬浮在气流中，同时它们会通过收集上升云滴或微小的雨滴而快速增长。在这一过程中大雨滴(>5mm)增长得非常快，并最终落下，使得"差分反射率柱"由上向下延伸。相较而言，较小的雨滴或者在更强的上升气流中的雨滴会被抬升到更高的位置碰并增长，并形成 0℃以下的"差分反射率柱"。当云滴上升到足够冷的高度，它们会核化并冻结。由于冻结并非是同步发生的，部分冻结的云滴于厚度超过 1km 的云层中可能停留几分钟。这一混合相粒子层会减小 ρ_{hv}，并增加"差分反射率柱"顶部的 LDR。在适当的条件下，混合相水成物粒子的湿增长将进一步增加顶部的 LDR。水成物粒子完全的冻结及上升气流中水成物粒子的进一步增长将会生成冰雹或霰粒子。

上升气流的核心被抬升或者减弱，而雹粒子长大到上升气流托不住时，雹粒子就会落下；当雹粒子经过上升气流底部降落时，会遇到过冷的液态雨滴，并发生碰撞。在这一过程中，湿冰雹会使得 Z_H 增大，并使 Z_{DR} 降低到小于只有大雨滴时的值，进而会使得"差分反射率柱"消失，在这种情况下"差分反射率柱"的减小可指示冰雹的发生。

在对流天气系统的成熟阶段，"差分反射率柱"中的水成物粒子主要是过冷的大雨滴，而随着高度的增加冻结滴及冰雹量逐渐增加。在对流天气系统的消散阶段有大雨滴存在，当冰雹从上升气流中落下时，直径大于 2cm 的冰雹明显增加后，导致总的差分反射率减小，进而"差分反射率柱"被压缩。"差分反射率柱"的高度与对流天气系统上升气流的强度是成正比的。因此，"差分反射率柱"不仅可作为强对流天气系统的指示因子，而且其基本变化与强对流天气系统的演变过程有着直接的联系。降落到地面的冰雹量与"差分反射率柱"的高度呈正相关，但冰雹降落到地面的时间却明显滞后于"差分反射率柱"出现的时间。因此，"差分反射率柱"可作为冰雹预报的有效诊断量，且该诊断量在预报冰雹时，时间上可以比 Z_H 顶高有更多的提前量。此外，"差分反射率柱"有助于追踪对流多单体系统中主要的强上升气流，以及单体的合并过程。

5.7　冰雹的增长模式

雹暴是常见的且极具危险的天气过程，不仅会造成严重的财产损失，而且还会带来人员伤亡。例如，1995 年 5 月 5 日发生在美国得克萨斯北部的雹暴就是一次造成了超过 100 人受伤害的事件，受到伤害的多数是在户外的人员，同时，在室内或车内的人员也因冰雹从窗户或顶棚贯穿进去而受到了一定的伤害。除了人员伤亡外，冰雹造成的农作物损失也是十分巨大的。然而在世界范围内，人们对冰雹预报的重视程度远不及对强降水、大风及龙卷的预报。在常见的危险性天气中，冰雹对人生命的危害相对较小，但对财产的危害是十分巨大的。

就目前而言，学术界很难对雹暴过程中出现的最大冰雹尺度给出准确的预测。雷达可以探测冰雹，但它是在雹暴形成以后才能真正实施探测。历史上曾利用对流有效位能（CAPE）及大尺度环境温度等资料对冰雹的尺度进行预测。Fawbush 与 Miller（1953）是较早预测冰雹尺度的学者，他们拟合了对流凝结层高度与−5℃之间的浮力与冰雹尺度的经验关系。这之后，Miller（1972）又将冻结层纳入了经验关系。Foster 与 Bates（1956）则是由自由对流层高度与−10℃层之间的气块浮力得到的垂直速度，发展了类似的冰雹尺度及下落末速度的预报方法。而 Renick 与 Maxwell（1977）则制作了最大冰雹尺度与最大上升气流和温度的相关图。这些方法预报出的冰雹尺度仍然存在较大的不确定性，特别是不能对于大冰雹和小冰雹进行明确的区分。尽管冻结层高度、湿球温度，以及对流有效位能等热动力参数在预报冰雹时有一定的局限性，但学术界还是将它们用于冰雹预报工作中。

冰雹的增长过程十分复杂，且其中的物理过程及相关参数也很难观测到。Brimelow 与 Poolman（2002）在 Poolman（1992）的基础上发展了一维耦合冰雹和云模式 HAILCAST，以预报冰雹的最大直径。该方法在预报暖湿、高 CAPE 及强风切变的环境下龙卷和强雷暴中的冰雹时得到了较好的应用。该模式以探空资料为主要计算依据，模式由地表温度扰动或露点扰动激发。当气块发展到自由对流层高度时，则对流系统为深对流，而这样的系统能够更好地预测冰雹的尺度。在该模式中用到能量风切变指数，其主要关注的是对流系统中上升气流的浮力及垂直风切变。

5.7.1　模式中输入的地面温度及露点温度

冰雹最大尺度的预报主要依赖于上升气流特征，可用于计算上升气流强度气块特性。因此，选择入流区域最有代表性的地面温度和露点温度显得尤为重要，因为这两个值可以较好地指示最强的上升气流（模式结果见图 5.7）。在观测资料较为稀疏的区域选出具有代表性的地面温度和露点温度是较为困难的。当雹暴发生的位置距离探空点有一定的距离时，即使是用探空点的地面观测温度及露点温度，预报的不确定性也会大大增加。此外，在选择地表温度和露点温度时需要有合理的上限，应当避免选择在水泥及沥青下垫面测得的结果。选择最高地面温度及露点温度时还需要关注的是：

（1）时间：在雹暴发生前 2.5 小时以内；地点：雹暴前方入流空气的范围内。

（2）最高地面温度与地面露点温度无须选同一个观测的值，但二者均需在雹暴入流空气的范围内。

（3）模式输入的观测资料均应取雹暴上游区域范围内的。

输入模式的温度介于 22～32℃，而最不稳定的气块温度则介于 24～34℃。

除了使用地面温度和露点温度以外，Craven 等（2002）还用到 100mb 混合层的温度和露点温度。由于地面观测的温度及露点温度存在着较多的不确定性，因此也可以考虑利用临近雷暴的多点观测，进而通过优选观测值来加以解决。

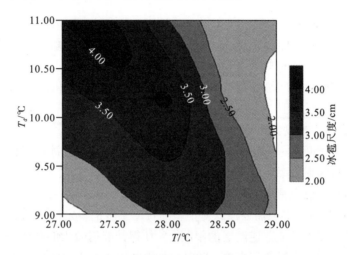

图 5.7　HAILCAST 模式预报的冰雹最大尺度与地面
温度及露点温度的关系（Jewell and Brimelow，2009）

Jewell 与 Brimelow（2009）的研究结果表明，HAILCAST 模式预报的冰雹最大尺度与实际观测结果有着较好的线性关系，而二者的相关系数为 0.6～0.61。该模式在预报时有 18% 的探空资料在运算过程中并没有产生冰雹，在这些未产生冰雹的资料中，通常是垂直风切变较小，中层的温度直减率也较弱。在这样的环境中，上升气流相对较暖，雹胚遇到过冷水部分是不会冻结的，因而这些过冷水会脱离雹胚，冰雹也不会长得太大。

冰雹的外形通常为椭球形，在讨论其外形特征时需引入等效直径（D_{eq}）。

$$D_{eq} = \alpha^{1/3} D \tag{5.34}$$

其中，α 为椭球的长短轴之比；D 为长轴直径。在比较球形与椭球形冰雹时，冰雹的等效直径是一个十分有用的参数，因为这直接涉及冰雹质量的计算，而冰雹质量可由下式给出：

$$M = \frac{\pi}{6} \rho_H D_{eq}^3 \tag{5.35}$$

其中，ρ_H 为冰雹密度。

5.7.2　HAILCAST 预报的冰雹轨迹

在该模式预报中，当环境具有较高的对流有效位能时，云滴被引入云底并快速上升，在这样的环境中，水成物粒子在到达-40℃的冻结高度以前能够长大的时间很短。在缺少过冷水和冰相粒子低收集率的条件下，也很难真正形成冰雹。

多数预报冰雹最大尺度的方法是通过浮力计算最大理论上升强度，进而计算在该上升气流速度下所能托起的最大冰雹尺度，但这种气块理论明显存在着不足之处，这主要是：

(1)含水量、夹卷过程，以及风切变会影响上升气流的强度，而纯气块理论并未涉及这些关键因素；

(2)最大上升气流速度通常出现在平衡层高度，而这一高度远高于冰雹显著增长的高度，除了 CAPE 较小、对流发展较低的对流系统，多数的雹暴系统中过冷滴不易出现在平衡层；

(3)未对雹暴具体特征及上升气流的持续时间进行详细的分析；

(4)未对冰雹形成的相关物理过程进行分析；

(5)未对垂直压力梯度力对于上升气流速度的影响进行分析。

因此，在气块理论中，若对流系统的 CAPE 较大，则预报的冰雹直径就会较大，这一理论会造成较严重的虚警率。事实上，较大尺度的冰雹并未与较大的上升气流速度对应，而是与气块浮力有着更为密切的联系。

在 HAILCAST 模式中也需要注意对下垫面扰动温度的设定，适当的扰动温度将使对流系统的发展足以突破近地面逆温层的限制，并使得其获得较大的初始垂直速度，而其发展的高度则足以超过自由对流层高度。同时，将雹胚引入自由对流层高度，而非凝结层高度，进而可以更好地模拟雹暴过程中冰雹的增长过程以及最大冰雹的形成。

HAILCAST 尽管是一个一维的尚存在诸多缺陷的模式，但是其仍然不失为一个较为实用的可直接预报降雹尺度的模式。

参 考 文 献

Auer A H. 1994. Hail recognition through the combined use of radar reflectivity and cloud-top temperatures. Monthly Weather Review, 122(9): 2218-2221.

Aydin K, Seliga T A, Balajiv. 1986. Remote Sensing of hail with a dual linear polarization radar. Journal of Climate and Applied Meteorology, 25(10): 1475-1484.

Bardsley W E. 1990. On the maximum observed hailstone size. Journal of Applied Meteorology, 29(11): 1185-1188.

Brandes E A, Vivekanandan J. 1998. An exploratory study in hail detection with polarimetric radar. Preprints, 14th Conf. on Interactive Information and Processing Systems for Meteorology, Oceanography and Hydrology, Phoenix A Z, Amer. Meteor. Soc: 287-290.

Brimelow J C, Poolman E R. 2002. Modeling maximum hail size in Alberta thunderstorms. Wea. Forecasting, 17(5): 1048-1062.

Cecil D J, Zipser E J, Nesbitt S W. 2002. Reflectivity, ice scattering, and lightning characteristics of hurricane eyewalls and rainbands.

Part I: Quantitative description. Mon. Wea. Rev., 130(130): 769-784.

Cecil D J. 2009. Passive microwave brightness temperatures as proxies for hailstorms. J. Appl. Meteor. Climatol., 48(6): 1281-1286.

Cecil D J. 2011. Relating passive 37-GHz scattering to radar profiles instrong convection. J. Appl. Meteor. Climatol., 50(1): 233-240.

Craven J P, Jewell R, Brooks H E. 2002. Comparison between observed convective cloud-base heights and lifting condensation level for two different lifted parcels. Weather and Forecasting, 17(4): 885-890.

Dennis E J, Kumjian M R. 2017. The impact of vertical wind shear on hail growth in simulated supercells. J. Atmos. Sci., 74: 641-663.

Depue T K, Kennedy P C, Rutledge S A. 2007. Performance of the hail differential reflectivity (HDR) polarimetric radar hail indicator. Journal of Applied Meteorology and Climatology, 46(8): 1290-1301.

Donaldson R J J. 1959. Analysis of severe convective storms observed by radar—II. J. Meteor., 16: 281-287.

Fawbush E F, Miller R C. 1953. A method for forecasting hailstone size at the earth's surface. Bull. Amer. Meteor. Soc., 34: 235-244.

Foster D S, Bates F C. 1956. A hail size forecasting technique. Bull. Amer. Meteor. Soc., 37: 135-141.

Jewell R, Brimelow J. 2009. Evaluation of Alberta hail growth model using severe hail proximity soundings from the United States. Weather and Forecasting, 24: 1592-1609.

Kitzmiller D H, McGovern W E, Saffle R F. 1995. The WSR-88D severe weather potential algorithm. Wea. Forecasting, 10(1): 141-159.

Knight C A, Knight N C. 2005. Very large hailstones from aurora, Nebraska. Bulletin of the American Meteorological Society, 86(12):1773-1781.

Kumjian M R, Khain A P, Benmoshe N, et al. 2014. The anatomy and physics of Z_{DR} columns: investigating a polarimetric radar signature with a spectral bin microphysical model. J. Appl. Meteor. Climatol., 53: 1820-1842.

List R. 1963. General heat and mass exchange of spherical hailstones. J. Atmos. Sci., 20: 189-197.

List R. 1977. Response to "The characteristics of natural hailstones and their interpretation": laboratory hail research a critical assessment//Foot G B, Knight C A. Hail: A Review of Hail Science and Hail Suppression. Meteor. Monogr., 38: 89-91.

Macklin W C. 1977. The characteristics of natural hailstones and their interpretation//Foot G B, Knight C A. Hail: A Review of Hail Science and Hail Suppression. Meteor. Monogr., 38: 65-87.

Mezzasalma P, Nanni S, Alberoni P P. 2000. Performance of a Hdr-based hail detection algorithm in Northern Italy. Phys. Chem. Earth, 25B: 949-952.

Miller R C. 1972. Notes on analysis and severe storm forecasting procedures of the Air Force Global Weather Center. AWS Tech. Rep. 200 (Rev.), Headquarters, Air Weather Service, Scott AFB, IL: 190.

Mroz K, Battaglia A, Lang T J, et al. 2017. Hail-detection algorithm for the GPM core observatory satellite sensors. J. Appl. Meteor. Climatol., 56: 1939-1957.

Poolman E R. 1992. Die voorspelling van haelkorrelgroei in Suid-Afrika (The forecasting of hail growth in South Africa). M.S. thesis, Faculty of Engineering, University of Pretoria: 113.

Renick J H, Maxwell J B. 1977. Forecasting hailfall in Alberta. Hail: A Review of Hail Science and Hail Suppression. Meteor. Monogr, No. 38, Amer. Meteor. SoC., 145-151.

Spencer R W, Goodman H M, Hood R E. 1989. Precipitation retrieval over land and ocean with the SSM/I: Identification and characteristics of the scattering signal. J. Atmos. Oceanic Technol., 6(2): 254-273.

Waldvogel A, Federer B, Grimm P. 1979. Criteria for the detection of hail cells. J. Appl. Meteor., 18(12): 1521-1525.

Witt A, Nelson S P. 1991. The use of single-doppler radar for estimating maximum hailstone size. J. Appl. Meteor., 30(4): 425-431.

第6章 冷云的数值模拟及其主要过程的参数化方法

云的微物理过程和降水过程在全球气候变化中起着重要作用,降水的形成对人类的生产生活也具有重要的影响,而数值模拟始终是研究云和降水发生发展的重要工具之一。为了尽可能详细地描述冷云内的物理过程,需要在成熟的理论基础和大量观测的基础上建立云物理过程参数化方程,在参数化方程中了解各个物理过程的本质。本章介绍冷云数值模拟并详细地介绍其主要过程的参数化方法。

6.1 冷云模拟的数值模式

云的形成过程是大气动力学、热力学和云微物理学共同作用的结果,全面了解成云致雨的物理过程,需要借助于云的数值模拟,数值模拟始终是研究云和降水发生发展的重要工具之一。本章主要介绍云模式以及中尺度 WRF(weather research and forecasting)模式两种模拟方式。

(1)云模式。假设水平云半径恒定,冷云模拟是通过二维轴对称模型的方程来实现的(Tzurl and Levin, 1981)。假定云半径保持不变,一个完全弹性三维冷云数值模式采用参数化方法处理冰相微物理过程,包括冰核化、凝华、结凇、雹干湿增长以及融化等十五个主要过程。使用理想初值条件和环境场对模式进行检验,证明其是可靠和稳定的。三维对流云系统的一些主要特征均能够被成功模拟出来,例如弱云外补偿下沉运动、云中水平涡度及其分裂、中层障碍流、弱回波结构等。

图 6.1 中给出了模拟的冷云(没有冰倍增过程)随着半径和高度的变化而发展的几个代表性时间:在最初的发展阶段,水滴通过凝结和收集从云底生长,但很少达到 100μm 的大小。冰晶通过液滴凝结而产生,即使液滴仅有 15μm 大小,也可能会被冻结,由于首先冻结较大的液滴,所以浓度很小。这些小冰晶的冰含量很小,因此它们在图中没有显示出来,在 4～5km 高度上形成更大质量、更高浓度的冰晶。在成熟阶段,云高增加,冰粒数量和质量增加。需要注意的是,冰和水在海拔 3～7km 共存。

此外,关于中尺度冷云模拟的数值模式,WRF 模式集数值天气预报、大气模拟以及数据同化于一体,分为驱动层、中间层和模式层。WRF 模式具有更多的内部参数化方案,对物理过程的考虑也更加细致。中尺度 WRF 模式采用高度模块化、并行化和分层设计技术,具有更为合理的模式动力框架、先进的三维变分资料同化系统、更丰富的内部参数化方案。并且,WRF 模式微物理及动力输出场可以指示地闪活动的发生时间和位置,表现出了 WRF 模式进行冷云数值模拟与研究的潜能。

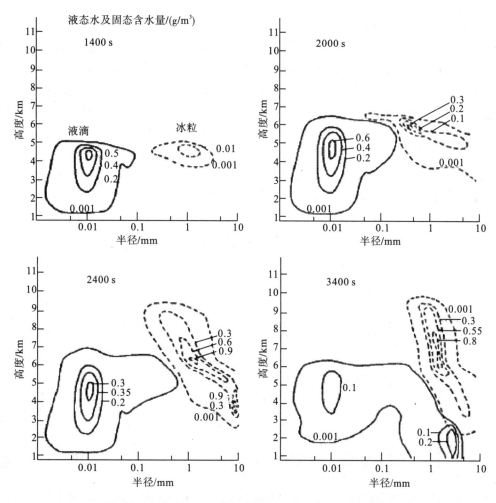

图 6.1　水滴及冰粒子高度半径的函数(Tzurl et al.，1981)

WRF 模式本身考虑了较为详细的物理过程，给出了丰富的物理参数化方案，能够更好地改善对中尺度天气的模拟。不同的动力和物理过程对冷云模拟有很大影响，合理选择参数化方案能很大程度地改善模拟结果。

6.2　冷云模拟的动力参数化方法

发展和改进动力参数化方案对于提高冷云模拟预测的准确性、研发冷云模式起着至关重要的作用。以下将分别从冷云模拟动力学框架与 WRF 中尺度模式动力参数化方面来详细介绍冷云动力参数化的方法。

6.2.1　冷云模拟动力学框架

本节描述冷云模拟中的积分参数化方案，并给出冷云动力参数化的方法。云在数十米到数百米的水平尺度上形成，当模型的水平分辨率小于这个值时，垂直动量方程可以用来再现云结构。垂直动量方程也可用于复制大部分云结构，可用于高达 4km 的网格分辨率（Weisman et al.，1997）。许多中尺度和全球模式的水平分辨率分别为 4～50km 和 100～600km。三维计算机模型通常通过有限差分近似来离散时间和垂直空间导数。水平对流项通过有限差分、频谱或半拉格朗日近似进行离散化。本节将介绍大气动力学方程的一个数值解法，即三维有限元方法，求解的等坐标包括空气的连续性方程。

模式动力学框架三维可压缩原始方程组忽略地转偏向力。水物质分为五类，即水汽、云水、雨水、冰晶和霰，它们各自通过具体的微物理过程相互转移。模式预报量共有 9 个，分别是速度 u_i ($i=1,2,3$)、位温 θ、无量纲气压扰动 π、比湿 q_v，以及云水、雨水、冰晶比含水量 q_c、q_r、q_i。其中控制方程为

$$\frac{\partial u_i}{\partial t} + u_j\frac{\partial u_i}{\partial x_j} = -c_p\bar{\theta}_v\frac{\partial \pi'}{\partial x_i} + \delta_{i3}g\left(\frac{\theta'_v}{\theta_v} + 0.61q'_v - q_t\right) + D_{u_i} \tag{6.1}$$

$$\frac{\partial \theta}{\partial t} + u_j\frac{\partial \theta}{\partial x_j} = Q_{iv} + Q_{il} + Q_{lv} + D_\theta \tag{6.2}$$

$$\frac{\partial q_v}{\partial t} + u_j\frac{\partial q_v}{\partial x_j} = W_{qv} + I_{qv} + D_{qv} \tag{6.3}$$

$$\frac{\partial q_c}{\partial t} + u_j\frac{\partial q_c}{\partial x_j} = W_{qc} + I_{qc} + D_{qc} \tag{6.4}$$

$$\frac{\partial q_r}{\partial t} + u_j\frac{\partial q_r}{\partial x_j} = \frac{1}{\rho}\frac{\partial \bar{\rho}V_r q_r}{\partial z} + W_{qr} + I_{qr} + D_{qr} \tag{6.5}$$

$$\frac{\partial q_i}{\partial t} + u_j\frac{\partial q_i}{\partial x_j} = \frac{1}{\rho}\frac{\partial \bar{\rho}V_i q_i}{\partial z} + I_{qi} + D_{qi} \tag{6.6}$$

其中，Q_{lv}、Q_{il}、Q_{iv} 分别为水的汽-液，固-液和固-汽相变的潜热贡献；W 和 I 分别代表暖微物理项和冰相微物理产生项；D 是次网格；R 是混合项，采用一阶湍流黏性闭合近似。

6.2.1.1 边界条件

边界法向速度采用辐射边界条件。由于采用交错网格，其他预报量的侧边界值可通过解各自的预报方程求得，在出流侧边界，法向平流项用单侧一阶差分，入流侧边界令法向平流为零。在上、下边界，取垂直速度 w 为 0。其余变量用预报方程求解。所有边界的法向湍流交换项均取零。

6.2.1.2 初始条件

模式中对流由域中央附近低层位温扰动区激发，扰动函数为

$$\theta' = \theta_0\cos^2\frac{\pi}{2}\left[\left(\frac{x-x_c}{x_r}\right)^2 + \left(\frac{y-y_c}{y_r}\right)^2 + \left(\frac{z-z_c}{z_r}\right)^2\right]^{1/2} \tag{6.7}$$

在初始时刻，令

$$w=0, q_c = q_r = q_g = 0$$

其中，w 为垂直速度。

由探空给出的水平均匀温、湿和风廓线求得初始环境水汽场、位温场和水平风场。

6.2.2　WRF 中尺度模式动力参数化方法

数值模式中非绝热过程非常重要，其在成云降水过程以后通过感热、潜热和动量输送等反馈作用影响大尺度环流，并在决定大气温度、湿度的垂直结构中起着关键的作用，因此动力参数化方案对中尺度冷云的模拟十分重要，是中尺度数值模式中必不可少的物理过程。

中尺度 WRF 模式具有更为合理的模式动力框架、先进的三维变分资料同化系统、更丰富的内部参数化方案。本小节介绍 WRF 模式的动力参数化方案。

6.2.2.1　浅对流 Kain-Fritsch 方案

积云对流参数化方案包括浅对流 Kain-Fritsch 方案，它使用一个具有湿上升和下沉气流的简单云模式，伴随有水汽的上升和下沉；同时包括卷入和卷出，以及相对粗糙、简单的微物理过程的作用。

6.2.2.2　Betts-Miller-Janjic 方案

该方案在某给定的时段，对热力廓线进行张弛调整，在张弛时间内，对流的质量通量可消耗一定的有效浮力，浅对流水汽特征廓线中熵的变化较小且为非负。

6.2.2.3　Urell-Devenyi 集合方案

该方案在每个格点运行多种积云方案和变量，再将结果平均反馈到模式中，具有多参数，集成了典型的 144 个次网格成员的方案。该方案是质量通量类型，有不同的上升、下沉、卷入、卷出的参数和降水率。云质量通量由静力及动力条件共同控制，动力控制决定于有效位能(CAPE)、低层垂直速度及水汽，静态控制的不同结合了动态控制的不同。

6.2.2.4　Medium Range Forecast Model 方案

该方案将显示处理的卷入层视为 Non-local-K mixed layer 混合层的一部分。该方案在不稳定状态下使用反梯度通量来处理热量和水汽。

6.2.2.5　Yonsei University(YSU)边界层方案

该方案的表面层与 Medium Range Forecast Model 方案一样采用 Monin-Obuk-hov 相似理论，并考虑了在风温廓线的逆温层中夹卷造成的热量交换。

6.2.2.6　Grell-Devenyi(GD)集合方案

该方案是质量通量类型，有不同的上升、下沉、卷入、卷出的参数和降水率，静态控制与动态控制相结合，是决定云质量通量的方案。

6.3 冷云模拟的微物理参数化方法

为了尽可能详细地描述云内的物理过程,需要在成熟的理论基础和大量观测的基础上建立云物理过程参数化方程,在参数化方程中需要找出各个物理过程的本质,因此在冷云模拟中,微物理参数化是必要的。在冷云模拟中,微物理过程的处理方式主要是参数化方法,冰相微物理过程的表示由于冰相的多种形式以及决定晶体形态的众多物理过程而变得非常复杂。以下主要从冷云模式中的微物理过程以及中尺度模式中的微物理参数化方法两个方面,对冷云内的主要微物理过程进行描述。

6.3.1 冷云模式微物理参数化过程

冷云模式中冰相微物理过程的表示由于冰相的多种形式以及决定晶体形态的众多物理过程而变得非常复杂。此外,与完整的暖云物理学不同,我们对冰相物理学的理解还不成熟。这意味着在许多情况下,使用从详细的数值模型或观测得到的信息不能完成冰相的简单参数化模型的制定。

在对冷云模式进行参数化时应考虑的微物理过程如下:冰晶的一次和二次成核;冰晶的气相沉积生长;严重变形的晶体产生霰或冰雹粒子;通过冷冻过冷雨滴引发霰或冰雹粒子成形和气相沉积生长。霰或冰雹与过冷雨滴的粒子碰撞,通过冰晶之间的碰撞引发冰晶聚集体,集合冰晶及所有形式的冰粒融化。本节主要从冰晶粒子的成核过程,通过凝华的冰晶颗粒生长过程、冰晶颗粒的淞附生长来介绍参数化方案。

6.3.1.1 冰晶粒子的成核过程

作为冷凝或沉积核的颗粒的活性不仅取决于温度,还取决于环境空气的过饱和度。Gagin(1972)和 Huffman(1973)发现,在给定的温度下冰核的浓度随冰过饱和度的变化而变化。过饱和度对冰核浓度测量的影响如图 6.2 所示,可以看出,在恒温下,对于冰来说,过饱和度可以使更多的颗粒充当冰核。

该测量的最佳拟合线的经验公式是:

$$N_i = \exp\{a + b[100(S_i - 1)]\} \tag{6.8}$$

其中,N_i 为冰核每升的浓度;$S_i - 1$ 为冰晶过饱和度;$a = 0.639$,$b = 0.1296$。这些测量由连续流动扩散室获得,其有限的数据显示在更高温度下,冰核浓度比在具有类似过滤处理系统的旧设备中发现的冰核浓度高 10 倍。

在中尺度模式模拟中需要允许冰核浓度的垂直和水平变化,Cotton(2003)修改了该公式,包含预测变量 N_{IN}:

$$N_i = N_{IN} \exp[12.96(S_i - 1)] \tag{6.9}$$

其中,变量 N_{IN} 可以从连续流扩散室数据推导出来,并用作区域模拟的预测变量。

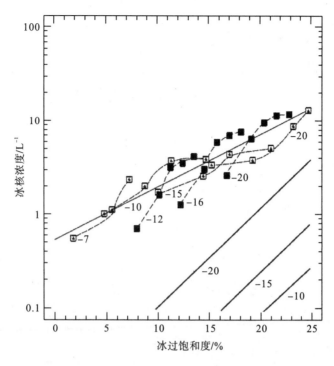

图 6.2　连续流扩散室冰核浓度测量(Meyers et al.，1992)

6.3.1.2　通过凝华的冰晶颗粒生长过程

一旦冰晶通过一次或二次成核的某种机制成核，并且如果环境相对于冰过饱和，则晶体可以通过气相沉积而生长。由于相对于冰的饱和水汽压小于相对于水的饱和水汽压，因此相对于水饱和的云相对于冰则过饱和。

因此，气相沉积方程对于球形颗粒来说必须改变性质，传统方法是假定复杂形状冰晶附近的热量和水蒸气的扩散与相似形状的起电电容器的电荷耗散速率类似。在此假设下，冰晶上的气相沉积速率可以表示为

$$\left.\frac{\mathrm{d}x_i}{\mathrm{d}t}\right]_{\mathrm{VD}} = 4\pi C G(T,P)(S_i-1)f(Re) - \frac{M_\omega L_s L_f G(T,P)}{K_i R_a T^2}\left.\frac{\mathrm{d}x_i}{\mathrm{d}t}\right]_{\mathrm{RM}} \tag{6.10}$$

其中，x_i 为晶体质量；C 为一个冰晶的"电容"；S_i 为相对于冰的饱和度；$f(Re)$ 为冰晶的通风函数；$G(T,P)$ 为类似于水滴的热力学函数，包括饱和水汽压以及水汽和冰之间的潜热。式(6.10)右边的第二项代表凇化过程释放的潜热对晶体热平衡的贡献。其中 M_ω 为液滴含量；L_f、L_s 分别为融化潜热和升华潜热；K_i 为热量扩散；R_a 为瑞利数（当瑞利数低于临界值，热量传递主要形式为热传导当其超过临界值，热量传导为对流）；$\left.\frac{\mathrm{d}x_i}{\mathrm{d}t}\right]_{\mathrm{RM}}$ 表示冰晶凇化时可以使晶体表面低于冰饱和度。

晶体电容一般由理论静电计算。用于简化形状的电容模型包括球体、圆盘和旋转的扁球体。因此，如果我们认为 a 是基底平面的长度，而 c 是冰晶体棱镜平面的长度，则电容可以近似如下：

对于针状体晶体：

$$C = c / \ln(4c^2 / a^2) \qquad (6.11)$$

对于棱柱状晶体：

$$C = ce / [\ln|(1+e) / (1-e)|] \qquad (6.12)$$

其中，

$$e = \sqrt{1 - a^2 / c^2} \qquad (6.13)$$

对于六边形状晶体：

$$C = ae / 2\sin^{-1}e, e = \sqrt{1 - c^2 / a^2} \qquad (6.14)$$

对于薄六边形板或枝状晶体：

$$C = a / \pi \qquad (6.15)$$

6.3.1.3　冰晶颗粒的凇附生长

一旦冰晶足够大，它们就可以随着一群过冷云滴落下，与它们碰撞并聚合。当它们撞击冰面时，水滴立即被冻结，因为冰是"理想"的成核剂。称为"霜"的冷冻液滴沉积在冰晶表面。冰晶颗粒时生长过程是碰撞-聚结过程，类似于液态云滴的碰撞-聚结生长。

单个冰晶的生长速率 x_i 可以这样描述：

$$\frac{\mathrm{d}x_i}{\mathrm{d}t} = \int_0^\infty A_i'(V_i - V_c)E(x_i / x)xf(x)\mathrm{d}x \qquad (6.16)$$

其中，A_i 为冰晶几何横截面积；V_i 为冰晶末速度；V_c 为云滴的末端速度；$E(x_i / x)$ 为冰晶和云滴之间的收集效率；$f(x)$ 为云滴的谱密度。

由于冰晶通常在水平面上以其主要尺寸下降，对于在半径为 r 的云滴中尺寸为 a 和 c 的针状和柱状冰晶，其几何截面可近似为

$$A_i' = (a + r)(c + r) \qquad (6.17)$$

对于薄六边形、枝状晶体或者球形圆锥状：

$$A_i' = \pi(a / 2 + r)^2 \qquad (6.18)$$

通过选择一个合适的谱密度函数 $f(x_i)$ 来跟踪冰晶颗粒的质量和几何形状，通过这种方式，Young(1974)、Scott 与 Hobbs(1977)通过一系列连续的关于颗粒质量及几何形状的存储信息，模拟了冰颗粒谱的演变。

真实云层中的冰晶浓度并不总是以测量或预期在这种环境中被激活的冰核浓度表示。已经发现，在高于-10℃的温度下，冰晶的浓度可以超过在云顶温度激活的冰核浓度多达三个或四个数量级(Braham，1964)。

在目前的模型中，有关冷凝蒸发过程，根据 Berry(1967)的公式和 Young(1974)的质量增长的变化率，将 CCN 周围冷凝形成的液滴的初始尺寸分布参数化。在冷云模型中，假定多余的水蒸气(相对于冰饱和度)的一部分在冰上凝结。剩余的水蒸气被认为在 CCN 上凝结，并在已经存在的液滴上凝结。

Gagin(1975)观测到大陆冷云的冰粒浓度遵循方程：

$$c = 0.00112 \times \exp(-0.39T) \qquad (6.19)$$

第 7 章 人工影响冷云

淡水是人类赖以生存的最为重要的必需品之一。在世界范围内，传统的水源主要是地下水、河水、水库蓄水及湖水等，然而这些水源要么不充沛，要么由于人口增长或土地的开发利用对水资源的需求不断上升，使得这些水资源相对短缺。有鉴于此，要求人们需不断地探索通过催化云增加降水的有效方法。

云系统的特征不仅决定于其大尺度及中尺度的动力过程，同时也决定于小尺度微物理过程。换言之，云的发生有大尺度的天气背景及中小尺度的环境条件，同时也需通过核化、各相态水成物粒子的增长，最终才能形成雨、雪、雹等地面降水。降水发生和发展经历了一系列以不同速率演化的复杂过程(详见图 7.1)，在特定的大气条件下，只有某一种途径起主导作用，并因此高效地产生降水。

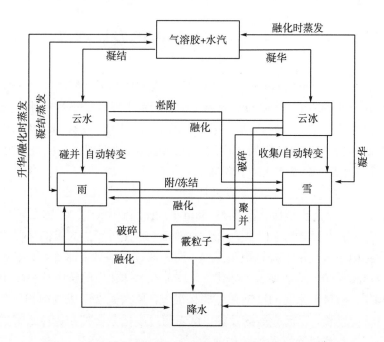

图 7.1 水汽转变成云粒子和降水的不同途径(Houze, 1993)

云凝结核与冰核可以影响云的微物理结构，而云中水成物粒子的增长则是云微物理结构不稳定的直接结果。这种不稳定在冷云中的主要表现为冷云中冰相粒子浓度处于最优值区间，进而它们通过消耗过冷液滴而凝华增长，随后则是凇附增长和聚并增长。从理论上而言，可以通过人为的方法改变云的微物理结构，进而影响其降水过程，这些方法即"云的催化或播撒"。

对于冷云而言，可以通过在冰相粒子不足的云中引入人工冰核，通过冰晶机制激发冷云降水；或者在冷云中引入相对高浓度的人工冰核，以减小过冷液滴的浓度，通过凝华或凇附抑制冰相粒子的增长，进而限制云的发展或其中水成物粒子的增长。

人工催化冷云的方式可分为静力催化及动力催化，其中静力催化主要有针对对流云的催化和针对冬季地形云的催化。

就静力催化而言，主要是源于一个基本假设条件，即：自然冷云中因缺乏冰晶，会使得降水延后或无法产生有效降水，适当地人工催化增加冷云中的冰晶浓度就可以增加冷云降水。在对流云静力催化概念中，陆地冷云底的温度被设定为-10～-20℃，在有充足过冷水的有限时间内，通过在其中的催化可以产生冰晶。多数的野外试验是在半孤立的"积云泡"中实施的，这样的云具有相对简单的云动力框架，因而便于聚焦分析其中的云微物理过程。在冬季的地形云催化概念中，主要的催化剂依然是碘化银或干冰。但研究表明合理地利用地形云中的气流和过冷水区是取得良好催化效果的重要条件。

就动力催化而言，其做法是在冷云中播撒过量的冰核或者制冷剂，以引起云的快速冰化。通过这样的催化，过冷液态水转变成冰相粒子的同时，释放了大量的潜热，由此增加了冷云的浮力，在有利的条件下使冷云尺度也增大，从而增加更多的降水。

7.1　人工冷云催化研究的发展过程

1946 年 7 月，在 Irving Langmuir 的指导下，人们找到了一些适于冷云催化的物质。特别是作为 Langmuir 助手的 Vincent Schaefer 在实验室中发现一小片干冰在充满过冷液滴的云中坠下时便快速产生大量的冰晶。在这一变化中，干冰并没有起冰核的作用，而是由于其温度足够低(约为-78℃)而引发了均质核化。通过实验发现，一块直径为 1cm 的干冰在-10℃的空气中落下，会产生 10^{11} 个冰晶。

1946 年 11 月 13 日，在美国的"卷云计划"中，首次将干冰投入实际的野外作业中。1.5kg 的压缩干冰通过飞机播撒到宽度为 5km 的过冷高积云中，播撒后随即在云底以下0.5km 的干空气范围内观测到了降雪。由于少量的干冰便可产生大量的冰晶，在实际的催化作业中过度播撒比最优浓度播撒更易操作。当云被过度播撒干冰后，其中的水成物粒子会完全转变成冰相粒子，从而使云"冰化"。冰晶在"冰化"的云中往往较小，由于没有过冷的液滴存在，相对于冰面的过饱和度要么很低，要么无法形成过饱和。在这样的条件下，冰晶不但不会增长，反而会被蒸发掉。这表明过度播撒会抑制过冷云雾的发展，这一技术已被广泛用于机场过冷雾的消除作业中。

此后，Langmuir 的同事 Bernard Vonnegut 开始着手寻找人工冰核。在其寻找过程中遵循的原则是：有效的人工冰核应该具有与冰相似的晶体结构。通过检查晶体的结构表就可以发现碘化银完全符合这一条件，随后的实验表明其在-4℃时就可以成为有效的冰核。首次利用碘化银对自然云进行催化是在 1948 年 12 月 21 日的"卷云计划"中，催化的对象是温度为-10℃、厚度为 0.3km、面积为 $16km^2$ 的过冷层云，实验时从飞机上向云中抛下燃烧的涂有碘化银的木炭，不足 30g 的碘化银就能使云中过冷液滴转化成为冰晶。此后，人们又陆续找到了一些人工冰核（如：硫化铜及碘化铅），以及一些有机物质（如：间苯三酚、副醛），这些物质作为冰核比碘化银的效率还要高。尽管如此，目前在多数的催化实验中人们仍然习惯于使用碘化银。

自 20 世纪 40 年代起，在全球范围内就开展了很多云催化实验。通过人工冰核的催化，云中的冰晶浓度可以大量地增加，同时可以激发云中降水的形成。然而学术界主要关心的问题是，在何种条件下通过播撒人工冰核才可以明显地大范围地产生可预期的降水。事实上，这是一个很难回答的问题。

播撒人工冰核可以改变云的微物理结构，特别是通过过度播撒，云中产生大量的冰相粒子，同时释放出大量潜热并增加了云体的浮力。如果在催化之前云体的高度被稳定的层结有所限制，人工催化释放的潜热带来的浮力就会突破稳定的逆温层，使云发展到自由对流层中，特别是云顶会发展到比自然云高很多的高度上去。过度播撒会使积云产生爆发性的发展（图 7.2）。

播撒后10min　　　　　　　　　　　　　　播撒后29min

图 7.2　播撒后积云的爆发性发展（Wallace and Hobbs，2006）

注：其中箭头所指处为爆发性发展的位置。

云的催化理论也体现于抑制冰雹的增长工作中。其主要原理就是通过在雹云中播撒人工冰核，从而增加其中小冰相粒子的数浓度，以"争食"云中的过冷液滴，进而减小冰雹的平均尺度。此外，通过在雹暴中进行冰核的过度播撒，雹云中的绝大多数液滴会被核化，而雹云中冰雹的凇附增长过程会被显著地抑制。从理论上看，这些物理过程都是较为合理的，但是到目前为止在实际的消雹作业中效果并不十分令人满意。

学术界就地形强迫产生的局地降雪过程进行过尝试性的过度播撒，使降雪在一定程度上重新分布。凇附增长的冰相粒子有着相对较大的下降末速度，这也使得其有着更加接近垂直于地面的下落轨迹。如果云在山的迎风坡一侧，通过过度播撒基本可以消除过冷液滴，同时冰相粒子的凇附增长也会被明显地减弱（其中的微物理特征的变化详见图 7.3）。冰相粒子在缺乏凇附增长的情况下，它们的增长就主要通过水汽的凝华增长完成，这会使得它们的下落末速度大约减小 1/2，如此一来，在这些冰相粒子落到地面之前气流会带着它们飘到更远的地方。以这种方式，原本在山体迎风坡的降雪就可能被转移到较为干燥的背风坡去了。

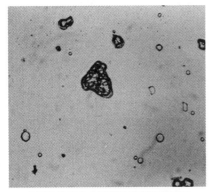
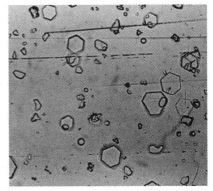

未催化的云中非规则的淞附冰相粒子
与过冷液滴

人工催化后云中的冰相粒子转变为小
的非淞附板状冰晶

图 7.3　人工播撒冰核前后冷云中水成物粒子的变化特征(Wallace and Hobbs，2006)

7.2　人类对于云不经意的影响

人类活动有时还会对云有着明显的影响。例如，飞机穿过过冷高积云时，由于飞机高速飞行产生涡旋使得空气膨胀冷却，从而在过冷云中产生冰相粒子，而这些冰相粒子又会快速消耗云中的过冷液滴，进而在云中留下"洞"或者水平的痕迹，如图 7.4 所示。

(a)飞机穿过过冷高积云后留下的"洞"　　　(b)飞机飞过过冷高积云后留下的航迹

(c)飞机刚飞过较薄的高积云留下很宽的航迹

图 7.4　人类活动不经意对云的影响

注：(a)、(b)来源于 Wallace 与 Hobbs，2006；(c)本书作者摄于成都。

　　事实上，人类在工业活动过程中向大气中排放了大量的热量、水汽及可作为云凝结核或冰核的气溶胶。这些人类的工业排放物不仅会影响到云的微物理结构，而且还会影响云的整个降水过程。例如，一个造纸厂可以影响周围 30km 范围内的大气环境。造纸厂燃烧农作物废料，以及森林火灾都可以释放出大量的云凝结核，这足以改变云下风方云中的液滴浓度；而炼钢厂则可以排放出高浓度的冰核。此外，大城市可以影响其邻近区域的天气，而其中的具体原因是较为复杂的。因为大城市除了是气溶胶、痕量气体、热量和水汽的排放源以外，同时还有着不同于其他地区的下垫面特征，它们不仅湿状态及表面的粗糙度较为特殊，而且由于热岛效应的存在使得下垫面的温度比邻近人口稀疏的区域高好几度。夏季一些大城市的下风方 50～75km 范围内，降水往往会在其背景值上增加 5%～25%。除了降水的明显变化，城市下风方的雷暴及雹暴也会更多地发生，而具体变化的量级会因城市面积的不同而不同。

7.3　气溶胶对于强对流天气过程的影响

　　由于人类活动的加剧，大气中的气溶胶浓度不断上升，其对各类天气过程，特别是对于涉及冷云的强对流天气过程有着重要的影响。强对流天气系统中存在着一系列复杂的物理过程，如动力过程、热力过程、微物理过程，以及电过程等，而且这些过程之间又存在着相互的作用。特别是人们已经发现气溶胶对对流天气过程有着明显的影响，但是人们就气溶胶通过云中的微物理过程对对流系统热动力结构的影响尚存在较多认识上的不确定性。如：人们发现气溶胶浓度变化对对流系统微物理过程的具体影响并不明确。为了研究该问题，利用 WRF 模式进行相应的数值实验则是一个较好的选择。WRF 模式中常用 Morrison 微物理方案，其中在云中过饱和度为 1%时，云凝结核浓度的设定范围为 100～10000cm^{-3}。研究可着重就云凝结核浓度的变化对水成物粒子的凇附、融化、粒子碰撞、蒸发等的影响进行讨论。而对流天气系统中的微物理过程的变化与底层热动力特征的联系也可通过模式进行讨论。

　　大气中气溶胶的源主要包括人为源（如：生物质燃烧、硫酸盐排放物、机动车尾气）及自然源（如：海水溅沫的蒸发、扬尘、山火），这些气溶胶粒子的半径所在的区间为 0.1μm 的爱根粒子（Aitken）至 100μm 的海盐粒子。在无污染的广阔海域气溶胶的数浓度可低至 100 cm^{-3}，但在森林大火发生时气溶胶的数浓度则会超过 10000 cm^{-3}；通常在大陆有天气过程时气溶胶数浓度的典型值介于 1000～5000 cm^{-3}，而在个别天气过程中气溶胶数浓度值也可达到 10000 cm^{-3}。由此可见，在通常条件下气溶胶数浓度变化区间是较大的，这不仅对天气系统的微物理过程将会有明显的影响，而且也会因此影响天气系统中的其他基本过程。在云微物理过程中，可核化为 CCN 的气溶胶粒子的类型及尺度首先会影响云滴的增长，特别是 CCN 粒子会“争食”天气过程中有限的水汽，因此从这个意义上讲气溶胶浓度是决定云滴可以长到多大的关键因素，而这又会进而影响降水粒子的形成。由于气溶胶可以改变云中微物理的进程，其主要是通过调整云中的水成物粒子相变潜热的加热或冷却，进而影响云中温度及湿度条件，通过这些过程最终可影响天气系统的动力结构、降水效率，以及持续时间等。

　　气溶胶对于强对流天气系统影响的研究也越来越受到人们的重视。在污染的环境中通过模式研究已发现高气溶胶浓度可以抑制云滴的碰并，进而延迟了对流天气系统中降水的发生(Lerach et al.，2008)。气溶胶对于强对流天气热动力结构的影响主要体现于对冷池尺度的减小(Storer et al.，2010)，以及由于潜热释放的增加而使天气系统的上升气流速度增加(Ntelekos et al.，2009)。气溶胶对降水影响的研究仍然存在较多的不确定性，而降水与低层 0～3km 的相对湿度也有着明显的联系。在研究气溶胶对强对流天气过程(如：超级单体)的影响时，尤其需要关注天气系统中的垂直风切变的环境。研究中的主要关注点是气溶胶引起的微物理及热动力量的波动变化是否与云凝结核浓度呈单调变化，这些变化是否会在云凝结核浓度超过某一个值时出现停滞的现象，这些变化与环境特征量是否存在着一定的对应性。

　　Weisman(1992)利用对流整体理查森数(R)对对流天气系统进行了分型。其中 R 可由下式给出：

$$R = \frac{\text{CAPE}}{0.5(\overline{u}^2 + \overline{v}^2)} \tag{7.1}$$

式中，$\overline{u}$ 及 $\overline{v}$ 为 0～6km 密度加权平均水平风速与云底以上 500m 的层风速差。15<R<45 对应超级单体雷暴，R=18 则会相对于对流有效位能产生最快的上升气流。

　　模式中所用的微物理方案为 Morrison 双参数微物理方案，方案中主要考虑 5 种水成物粒子(即：云滴、云冰、雨、雪以及淞附的冰)，而其中水成物粒子的分布可由伽马分布函数表示：

$$N(D) = N_0 D^\mu e^{-\lambda D} \tag{7.1}$$

式中，D 为粒子的直径；N_0 为截距参数；μ 为形状参数；λ 为斜率参数。而对于每一类水成物粒子的具体参数可由下面的式子求出：

$$N_0 = \frac{N\lambda^{\mu+1}}{\Gamma(\mu+1)} \tag{7.2}$$

$$\lambda = \left[\frac{cN\Gamma(\mu+4)}{q\Gamma(\mu+1)} \right]^{1/3} \tag{7.3}$$

其中，q 为水成物质量混合比；Γ 是欧拉伽马函数；c 是与水成物粒子直径和质量 m 有关的幂函数中的参数。

$$m = cD^3 \tag{7.4}$$

　　在模式中当所有的粒子被认为是球形时，则有

$$c = \pi/6 \times \rho \tag{7.5}$$

其中，ρ 为某一类水成物粒子的整体密度。对于云中的冰、雪、雹，μ 设为 0；云滴的 μ 与其数浓度相关，其范围设为 2～10。同时，μ 与 λ 的关系可由下式给出(Cao et al.,2008)：

$$\mu = -0.0201\lambda^2 + 0.902\lambda - 1.718 \tag{7.6}$$

　　在研究中(Pruppacher and Klett，1997)，CCN 谱可由下式给出：

$$N_{\text{CCN}} = CS^k \tag{7.7}$$

其中，N_{CCN} 为活化的云凝结核数浓度（cm^{-3}）；S 为过饱和比（%）；C 为过饱和比 S=1% 的云凝结核浓度；k 为无量纲常数。当 S 增加时则会有更多的 CCN 被活化。通常陆地上观测到的 C 要远大于海洋上的观测值，而 k 并不依赖于 C。在模拟中为了使问题简化，初始的 CCN 不随高度变化，而 CCN 的传输及源也均未考虑，其中沉降也只考虑由降水而造成的湿清除。在云底云滴的活化主要依赖于垂直上升气流速度，且没有初始的云水存在，如此则有

$$N_{CCN} = 0.88C^{2/(k+2)}\left(0.07w_{ef}^{1.5}\right)^{k/(k+2)} \tag{7.8}$$

式中，w_{ef} 为确定的次网格垂直气流速度的总和（Rogers and Yau，1989）。

在云中，由于在云内没有考虑因云滴的凝结增长而造成的过饱和度的减少，因而云内活化的云滴会被过高地估计。在云内一般认为过饱和度是准平衡的，云中向上运动的产生过饱和度的增加与水成物粒子凝结增长造成的过饱和度减少相平衡。

$$q_v - q_{sw} = \left[\frac{dq_{sw}}{dT}\frac{gw_{ef}}{c_p} - \frac{Q_1}{Q_2}\left(\tau_i^{-1} + \tau_s^{-1} + \tau_h^{-1}\right)(q_{sw} - q_{si})\right] \times \left[\tau_c^{-1} + \tau_r^{-1} + \frac{Q_1}{Q_2}\left(\tau_i^{-1} + \tau_s^{-1} + \tau_h^{-1}\right)\right]^{-1} \tag{7.9}$$

式中，q_v 为水汽混合比；q_{sw} 为液水饱和混合比；q_{si} 为冰饱和混合比；T 为温度；g 为重力加速度；c_p 为定压空气比热；$Q_1 = 1 + (dq_{sw}/dT)(L_s/c_p)$，$Q_2 = 1 + (dq_{si}/dT)(L_s/c_p)$，$L_s$ 为升华潜热；τ_c、τ_r、τ_i、τ_s 及 τ_h 分别为云滴、雨、冰晶、雪及霰弛豫时间尺度。由该式计算的过饱和度代入 CCN 谱公式即可得到云中活化的云滴数。但是如果预估的活化云滴数小于已有的云滴数，则认为没有新的云滴被活化。

在模拟的微物理过程中，冰晶主要是通过核化及淞附，或云滴的冻结完成增长的，而当冰晶超过阈值尺度 125μm 时（Harrington et al.，1995），便会完成冰晶向雪晶的转化，而雪晶继续淞附增长便会形成霰粒子。当环境温度超过 0℃ 时所有的冰相粒子便会融化为雨滴，在融化过程中粒子的平均质量直径及数浓度保持不变。当雨滴的平均质量直径 D_{mr} 超过阈值 D_{th} 时，其便会破碎；当 D_{mr} 小于 D_{th} 时，雨滴收集小液滴的效率 E_c 为 1；当 D_{mr} 超过阈值 D_{th} 时，E_c 则按照以下给出的方程减小：

$$E_c = 2 - \exp[2300(D_{mr} - D_{th})]，D_{th} = 300\mu m \tag{7.10}$$

通常而言，由于较大的 D_{th} 值会使得 D_{mr} 值增加，因而会减小雨滴的蒸发率，进而使得 D_{th} 的选择对于低层冷池的尺度和强度都有十分敏感的影响（Morrison et al.，2012）。

7.3.1 云凝结核对于水成物粒子特征及微物理过程的影响

云中 CCN 的变化对于冷云中的各类水成物粒子都有较为明显的影响。具体研究是利用数值模拟的方法及前文提到的微物理方案进行的，研究中模拟对象为超级单体雷暴。选取两种云凝结核浓度，即：N_{CCN}=100cm^{-3}（清洁大气）及 N_{CCN}=1000cm^{-3}（污染大气）。在污染大气背景的模拟结果会得到比清洁大气背景更多且更小的云滴。由于在污染大气背景中，模拟得到的云滴较小，因而转变成雨滴及霰粒子的云滴则更少。尽管在污染大气背景中模拟得到的雨滴与霰粒子比清洁大气背景的少，但污染大气背景中模拟的可收集的云水含量却是清洁大气的 3 倍，这使得污染大气背景中模拟的近地面比清洁大气的雨滴平均质

量直径大 30%，比雹粒子的平均质量直径大 3%。Storer 等(2010)也得到了与此类似的结果。但是当激发天气过程的相对湿度较低时，两种 CCN 背景的模拟结果则较为接近。

由模拟结果可知，水成物粒子的数浓度及平均直径在两种大气背景条件下存在着明显的差异，这使得其中发生的微物理过程的速率也会明显不同。在污染大气背景中，由于雨的质量混合比较小，雨滴收集云滴的速率则较低。但是由于每个雨滴可以收集更多的云滴，这使得在污染大气背景中雨滴平均直径比清洁大气背景中的大 0.4mm 以上。由于较大的雨滴尺度与雨滴数浓度减小相联系，雨滴的蒸发在这一过程中则相对减小了。当下垫面条件较为干燥时，无论是污染大气还是清洁大气背景条件，模拟得到的云底都会相对较高。在污染大气背景条件下，冰雹的数浓度会在近地面层较高，这使得其融化过程在这一高度也更加明显。微物理过程包括云中水成物粒子之间的相互作用(云滴与雨滴的作用、冰雹与云滴相互作用的凇附增长)，CCN 浓度超过 3000cm^{-3} 时，对于 CCN 浓度的变化才尤为敏感。但是 Khain 等(2011)利用二维模式的研究结果发现这种敏感性也存在着较大的不确定性。

7.3.2 云凝结核对于冷池尺度及强度的影响

在涉及冷云过程的强对流天气系统中，当雨滴蒸发或冰雹融化时，这些水成物粒子的吸热造成明显的冷却，这些过程决定了低层的冷池的尺度和强度，因而水成物粒子的这些过程会明显影响冷池的变化(James and Markowski, 2010)。冷池一般定义为模式所能模拟的最低层，而其位温扰动低于-2K。冷池对于 CCN 浓度的反应还依赖于大气的层结条件。在低湿度条件下，当 CCN 的浓度从 100cm^{-3} 增加到 3000 cm^{-3} 时，冷池的尺度从 1200km^2 降低到 400km^2；而当 CCN 的浓度继续增加到 10000 cm^{-3} 时，冷池的尺度则会继续降低到 250 km^2。而在高湿度的条件下，模拟得到的研究结果也是类似的，冷池尺度的变化也会更加明显。

7.3.3 云凝结核对于地表降水的影响

CCN 对于地表降水的影响也同样依赖于环境条件。在中等湿度条件下，CCN 的浓度从 100 cm^{-3} 增加到 1000cm^{-3}，地表的平均降水约增加 0.1mm；当 CCN 的浓度增加到 5000 cm^{-3} 时，降水量则增加得极为缓慢；当 CCN 浓度增加到 10000 cm^{-3} 时，出现了 0.03mm 缓慢的减小。在低湿度条件下，CCN 浓度的增加会引起地面平均降水量的单调减小。对于空间累积降水而言，在污染大气背景及相对湿度较高的条件下，累积降水明显偏高。

此外，当 CCN 浓度增加时，雨滴分布谱函数中的形状参数 μ 设为 0 时比设为非 0 时冷池的尺度约减小 13%，区域的平均降水也略有减小。

在超级单体雷暴中，其微物理过程、降水，以及热动力过程之间都存在着复杂的相互作用关系，而这些过程均对 CCN 的浓度存在着较为敏感的响应。超级单体雷暴中的各过程对于 CCN 浓度的响应高度依赖于天气过程的环境条件。相对湿度及垂直风切变的差异会改变冷池及降水对于 CCN 浓度的响应。

7.4　水成物粒子对于飑线的影响

在人工影响冷云的过程中，由于通过人为催化可改变云的微物理特征，因而也会影响其热动力结构，最终达到改变整个天气系统的目的。已有大量的研究表明强对流天气系统的微物理过程与其动力过程有着密切的联系，这在飑线天气系统中表现得尤为突出，特别是微物理过程可以明显影响到飑线的冷池路径，进而影响整个飑线的发展。

正如多数研究者注意到的，后部注入急流(rear input jet，RIJ)是维持飑线发展的关键因素(Grim et al.，2009)。在天气系统中间高度的水平气压及浮力梯度是 RIJ 形成的关键因素，而这些梯度主要是由主上升气流的潜热加热，或者上层潜热加热与低层潜热冷却的偶极性热力结构造成的，这样的热动力结构最终使得在飑线系统的中层出现中低压(Haertel and Johnson，2000)。RIJ 主要是通过影响冷池对飑线天气的强度产生影响的，RIJ 对于飑线有加强作用的主要原因有以下三点。

(a)RIJ 增强了对流下沉气流，这有助于增强地表的冷池(Tao et al.，1995)；

(b)RIJ 可以从上部向地表传输动量，因而有助于在阵风锋前加深抬升气流(Weisman，1992)；

(c)RIJ 可以向飑线的前缘传输水平涡度，进而可以平衡冷池内的水平涡度，这也有助于维持冷池与环境切变之间的动力平衡(Weisman，1992)。

Rotunno 等(1988)与 Weisman 等(1988)通过研究，认识到冷池在飑线的发展过程中对其生命期和动力过程都起着重要的作用。而飑线的维持有赖于冷池产生的涡度与环境切变产生的涡度之间的平衡，如果两个涡度在量级上相当，而符号是相反的，对流产生的上升气流则是垂直向上的，进而会使得飑线系统得到最大程度的加强。而这一平衡可以用冷池的传播速度 C 与环境风切变 ΔU 的比值，即 $C/\Delta U$ 进行描述。除此之外，在分析飑线时，还需要考虑切变层的厚度及位置、计算冷池的强度、层结对冷池动力过程的影响，以及飑线中的微物理过程。

Tao 等(1995)的研究表明(详见图 7.5)，冰相粒子的融化会加强 RIJ，并迫使飑线上部倾斜，最终形成多单体的结构。而冰相粒子的融化率对于飑线也有明显的影响，特别是有利于飑线形成弓状回波。飑线中微物理过程的改变尤其体现于其中水成物粒子的演变以及潜热的垂直分布变化。RIJ 对于飑线系统中冰雹及其他水成物粒子的增长都十分重要，同时，在此过程中水成物粒子潜热释放(水汽的凝结和淞附)，通过增加系统中的上升气流速度使得其获得更多的浮力。

冷池边界，通常也被称为"阵风锋"，其可由浮力界面来定义。Tompkins (2001)将浮力 B 定义为

$$B = \frac{g(\theta_\rho - \overline{\theta_\rho})}{\overline{\theta_\rho}} \tag{7.11}$$

其中，$\theta_\rho = \theta(1 + 0.608q_v - q_t)$ 为密度位温，q_v 为水汽凝结混合比，q_t 为总凝结混合比；$\overline{\theta_\rho}$ 为平均密度位温。Benjamin(1968)认为冷池的传播速度可由下式给出：

$$C_B^2 = 2\int_0^H (-B)\mathrm{d}z \tag{7.12}$$

式中，B 为浮力；H 为冷池的高度。速度 C_B 与直接测量阵风锋位置得到的速度 C_D 存在着一定的差异，通常前者比后者大 $50\%\sim60\%$。

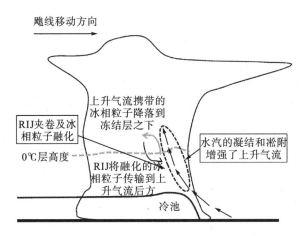

图 7.5 飑线中层微物理机制对于上升气流加强的示意图

通过对冷云系统的实际探测可知，其中的热动力过程与微物理过程都有着较为明显的相互作用，事实上这些过程只是同一个天气系统的不同侧面的表现形式。由此可知，人工在影响涉及冷云的天气系统时，选择人工催化的部位十分重要，如果选择位置不当可能会出现适得其反的效果。

7.5 云模式在人工影响冷云中的应用

自 20 世纪 50 年代以来，云模式得以快速发展，并在人工影响天气中得到较为广泛的应用。Saunders（1957）率先利用气块模式讨论了云中过冷水及冰晶对冷云的热动力过程贡献的差异，此后 Orville（1964）也开展了相应的冷云过程的模拟研究。

最初，人们利用一维稳态云模式来设计云催化方案。随着研究的深入，云模式还被用于云"可播性"的研究。所谓"可播性"，即：通过云中催化剂的播撒，使云产生更大的降水潜力。事实上，有时云中的微物理过程与热动力过程的相互作用是十分复杂的，因为适于催化的云微物理条件可能会被其后云中的热动力过程所破坏。

成熟的云模式可以回答冷云催化作业中的一系列关键问题，诸如何处催化、何时催化、何量催化等。

云模式也可用于评估外场实验的效果。云催化作业中一些重要的指标需要进行数值计算分析，主要包括：云尺度的变化、云初始回波出现的时间、热动力及微物理过程的变化。

用于人工影响冷云的模式分别有 0 维、1 维、2 维、3 维（0D、1D、2D、3D），以及时间确定或稳态模式（TD/SS）。这些模式可耦合或不耦合微物理及动力过程。

在模式的发展过程中，得到了一些有意义的理论结果。

1. 动力催化效果

通过催化，冷云中过冷液滴冻结，并释放出大量的潜热，从而增加了云的浮力，这是动力催化的本质。一维模式（1DSS）模拟通常会夸大云中加热的效果；二维模式（2DTD）模拟时，所有的过冷云水不可能直接冻结；三维模式（3DTD）模拟时，表现出中间层的潜热释放可通过压力的变化传输至低层，进而改变云中的流场。

2. 静力催化效果

与动力催化效果不同，这里强调的是云中降水发展的演变过程，由于通过静力催化，云中的水成物粒子会重新分配，进而会影响云中的上升及下沉气流发展，以及新云体的形成，这也说明云静力催化也会影响云的动力过程。

3. 三代催化模拟方法

第一代方法关注的是过冷云水在任意预定的温度下可转变为云冰；第二代方法关注的则是通过在云中任意区域增加冰晶，其通过消耗液水增加云冰；第三代方法则是做到了模拟催化剂场，其可模拟催化剂云和降水场的相互作用。

4. 中等尺度的对流云冰相催化效果较为明显

厚度为 3～7km 的对流云，比厚度为 10km 以上的会有更好的催化效果，特别是会比高度未达到 0～-5℃ 层的效果要好很多。效果最为明显的区域为 -10～-25℃。发展较为旺盛的对流云中，催化时会产生一部分雪粒子，并被传输到云砧中，因此其中的降水并不会明显增加。

5. 催化作业中霰的作用

通过云中的催化，可以产生大量的霰粒子，其可以在融化层内循环，霰粒子的形成是云中微物理及动力过程相互作用的结果，这也有助于云中形成更多的有效降水。

6. 催化窗口

在多数的对流云中，降水只在特定的时间段发生。通过对云的催化，3～6min 内降水进程会加速发展，而云中冰晶的繁生过程也会缩短可供催化的时间窗口。

利用冰相或吸湿性催化剂开展人工影响天气的实验是极富挑战的工作。数值模式可以用于评估外场实验的效果。特别是可以利用数值模式回答以下各类问题：

(1) 云催化作业是如何改变一个区域的降水分布的？

(2) 对多单体系统中的某一个单体实施催化时，是否可以通过重新调整热量、水汽分布，以及动量等，进而使得新的单体进一步发生发展？

(3) 在云场中对某个单体进行催化，是否会抑制相邻单体的发展？还是通过下沉气流的相互作用或云的合并，进而产生更大尺度或持续时间更长的单体？

(4) 催化云场与中尺度环境场之间的相互作用机制是怎样的？

此外，利用数值模式还可完成以下的任务：

(1) 通过云模式可以对云催化的方式进行分类；

(2) 云模式应当与中尺度模式配合使用，以评估真实的野外催化实验效果。

图 7.6 给出了冷云催化产生各类降水的结果，由图可知地面产生有效的降水有各类途径，有效催化有些过程为正效应，有些则为负效应，这与具体的云中相互作用的微物理及热动力过程有着密切的联系，而这些催化的结果都可以通过数值模式进行充分的模拟，这

也体现了模式在进行数值实验时的优势。

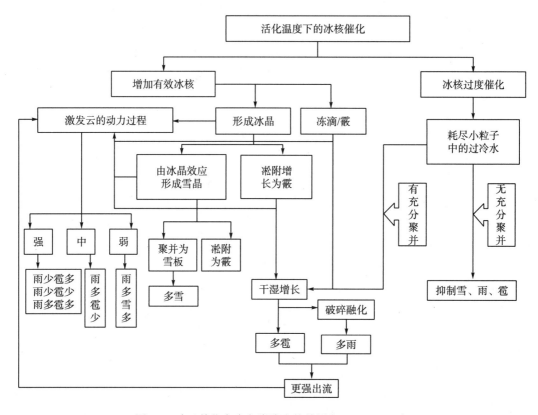

图7.6 冷云催化产生各类降水的结果(Orville,1992)

参 考 文 献

Benjamin T B. 1968. Gravity currents and related phenomena. J. Fluid Mech., 31: 209-248.

Cao Q, Zhang G, Brandes E, et al. 2008. Analysis of video disdrometer and polarimetric radar data to characterize rain microphysics in Oklahoma. J. Appl. Meteor. Climatol., 47: 2238-2255.

Grim J A, Rauber R M, McFarquhar G M, et al. 2009. Development and forcing of the rear inflow jet in a rapidly developing and decaying squall line during BAMEX. Mon. Wea. Rev., 137: 1206-1229.

Haertel P T, Johnson R H. 2000. The linear dynamics of squall line mesohighs and wake lows. J. Atmos. Sci., 57: 93-107.

Harrington J Y, Meyers M P, Walko R L, et al. 1995. Parameterization of ice crystal conversion processes due to vapor deposition for mesoscale models using doublemoment basis functions. Part I: Basic formulation and parcel model test. J. Atmos. Sci., 52: 4344-4366.

Houze R A. 1993. Cloud Dynamics. Salt Lake City, USA: Academic Press.

James R P, Markowski P M. 2010. A numerical investigation of the effects of dry air aloft on deep convection. Mon. Wea. Rev., 138: 140-161.

Khain A P, Rosenfeld D, Pokrovsky A, et al. 2011. The role of CCN in precipitation and hail in a midlatitude storm as seen in simulations using a spectral (bin) microphysics model in a 2D dynamic frame. Atmos. Res., 99: 129-146.

Lerach D G, Gaudet B J, Cotton W R. 2008. Idealized simulations of aerosol influences on tornado genesis. Geophys. Res. Lett., 35(35): 186-203.

Morrison H, Tessendorf S, Ikeda K, et al. 2012. Sensitivity of a simulated midlatitude squall line to parameterization of raindrop breakup. Mon. Wea. Rev., 140: 2437-2460.

Ntelekos A A, Smith J A, Donner L, et al. 2009. The effects of aerosols on intense convective precipitation in the northeastern United States. Quart. J. Roy. Meteor. Soc., 135: 1367-1391.

Orville H D. 1964. On mountain upslope winds. J. Atmos. Sci., 21: 622-633.

Orville H D. 1992. A review of theoretical developments in weather modification in the past twenty years. Proc. Symp. on Planned and Inadvertent Weather Modification, Atlanta, GA, Amer. Meteor. Soc., 35-41.

Pruppacher H R, Klett J D. 1997. Microphysics of Clouds and Precipitation. 2nd ed. Amsterdam, Holland: Kluwer Academic.

Rogers R R, Yau M K. 1989. A Short Course in Cloud Physics. Oxford, UK : Pergamon Press.

Rotunno R, Klemp J B, Weisman M L. 1988. A theory for strong, long-lived squall lines. J. Atmos. Sci., 45: 463-485.

Saunders P M. 1957. The thermodynamics of saturated air: a contribution to the classical theory. Quart. J. Roy. Meteor. Soc., 83: 342-350.

Storer R L, Van d H S C, Stephens G L. 2010. Modeling aerosol impacts on convective storms in different environments. J. Atmos. Sci., 67: 3904-3915.

Tao W K, Scala J R, Ferrier B, et al. 1995. The effect of melting processes on the development of a tropical and a midlatitude squall line. J. Atmos. Sci., 52: 1934-1948.

Tompkins A M. 2001. Organization of tropical convection in low vertical wind shears: the role of cold pools. J. Atmos. Sci., 58: 1650-1672.

Wallace J M, Hobbs P V. 2006. Atmospheric Science: An Introductory Survey, Second Edition. Salt Lake City, USA: Academic Press.

Weisman M L, Klemp J B, Rotunno R. 1988. Structure and evolution of numerically simulated squall lines. J. Atmos. Sci., 45: 1990-2013.

Weisman M L. 1992. The role of convectively generated rear inflow jets in the evolution of long-lived meso-convective systems. J. Atmos. Sci., 49: 1826-1847.